U0261073

国家出版基金项目
"十三五"国家重点出版物出版规划项目

国家出版基金项目
NATIONAL PUBLICATION FOUNDATION

先进复合材料丛书

复合材料结构设计

中国复合材料学会组织编写

丛 书 主 编　杜善义

丛书副主编　俞建勇　方岱宁　叶金蕊

编　　　著　赵海涛　王　勇　陈吉安　等

中国铁道出版社有限公司
CHINA RAILWAY PUBLISHING HOUSE CO., LTD.

内 容 简 介

"先进复合材料丛书"由中国复合材料学会组织编写，并入选国家出版基金项目。丛书共 12 册，围绕我国培育和发展战略性新兴产业的总体规划和目标，促进我国复合材料研发和应用的发展与相互转化，按最新研究进展评述、国内外研究及应用对比分析、未来研究及产业发展方向预测的思路，论述各种先进复合材料。

本书为《复合材料结构设计》分册，主要内容包括复合材料加筋壁板设计、飞艇复合材料桁架设计、汽车复合材料电池盒设计、船用复合材料螺旋桨设计、飞机复合材料水平尾翼设计、航天复合材料燃料贮箱设计、复合材料储能结构设计、总结与展望。

本书可供复合材料研发人员和工程技术人员参考，也可供新材料科研院所、高等院校、新材料产业界、政府相关部门、新材料技术咨询机构等领域的人员参考。

图书在版编目（CIP）数据

复合材料结构设计/中国复合材料学会组织编写；
赵海涛等编著 . —北京：中国铁道出版社有限公司，
2021.3
（先进复合材料丛书）
ISBN 978-7-113-27191-6

Ⅰ.①复… Ⅱ.①中… Ⅲ.①复合材料-结构设计
Ⅳ.①TB33

中国版本图书馆 CIP 数据核字（2020）第 273183 号

书　　名：	**复合材料结构设计**
作　　者：	赵海涛　王　勇　陈吉安　等

策　　划：	初　祎　李小军	
责任编辑：	尹　娜	编辑部电话：(010) 51873135
封面设计：	高博越	
责任校对：	王　杰	
责任印制：	樊启鹏	

出版发行：	中国铁道出版社有限公司（100054，北京市西城区右安门西街 8 号）
网　址：	http：//www.tdpress.com
印　刷：	中煤（北京）印务有限公司
版　次：	2021 年 3 月第 1 版　2021 年 3 月第 1 次印刷
开　本：	787 mm×1 092 mm　1/16　**印张：** 12.75　**字数：** 320 千
书　号：	ISBN 978-7-113-27191-6
定　价：	88.00 元

序

新材料作为工业发展的基石，引领了人类社会各个时代的发展。先进复合材料具有高比性能、可根据需求进行设计等一系列优点，是新材料的重要成员。当今，对复合材料的需求越来越迫切，复合材料的作用越来越强，应用越来越广，用量越来越大。先进复合材料从主要在航空航天中应用的"贵族性材料"，发展到交通、海洋工程与船舰、能源、建筑及生命健康等领域广泛应用的"平民性材料"，是我国战略性新兴产业——新材料的重要组成部分。

为深入贯彻习近平总书记系列重要讲话精神，落实"十三五"国家重点出版物出版规划项目，不断提升我国复合材料行业总体实力和核心竞争力，增强我国科技实力，中国复合材料学会组织专家编写了"先进复合材料丛书"。丛书共 12 册，包括：《高性能纤维与织物》《高性能热固性树脂》《先进复合材料结构制造工艺与装备技术》《复合材料结构设计》《复合材料回收再利用》《聚合物基复合材料》《金属基复合材料》《陶瓷基复合材料》《土木工程纤维增强复合材料》《生物医用复合材料》《功能纳米复合材料》《智能复合材料》。本套丛书入选"十三五"国家重点出版物出版规划项目，并入选 2020 年度国家出版基金项目。

复合材料在需求中不断发展。新的需求对复合材料的新型原材料、新工艺、新设计、新结构带来发展机遇。复合材料作为承载结构应用的先进基础材料、极端环境应用的关键材料和多功能及智能化的前沿材料，更高比性能、更强综合优势以及结构/功能及智能化是其发展方向。"先进复合材料丛书"主要从当代国内外复合材料研发应用发展态势，论述复合材料在提高国家科研水平和创新力中的作用，论述复合材料科学与技术、国内外发展趋势，预测复合材料在"产学研"协同创新中的发展前景，力争在基础研究与应用需求之间建立技术发展路径，抢占科技发展制高点。丛书突出"新"字和"方向预测"等特色，对广大企业和科研、教育等复合材料研发与应用者有重要的参考与指导作用。

　　本丛书不当之处，恳请批评指正。

2020 年 10 月

前　　言

"先进复合材料丛书"由中国复合材料学会组织编写，并入选国家出版基金项目和"十三五"国家重点出版物出版规划项目。丛书共12册，围绕我国培育和发展战略性新兴产业的总体规划和目标，促进我国复合材料研发和应用的发展与相互转化，按最新研究进展评述、国内外研究及应用对比分析、未来研究及产业发展方向预测的思路，论述各种先进复合材料。本丛书力图传播我国"产学研"最新成果，在先进复合材料的基础研究与应用需求之间建立技术发展路径，对复合材料研究和应用发展方向做出指导。丛书体现了技术前沿性、应用性、战略指导性。

本书针对航空航天装备、海洋工程装备及高技术船舶、节能与新能源汽车三个领域，着重论述复合材料结构设计与分析的基本思路与方法、最新研究进展，以及未来发展状况和应用前景。本书针对复合材料加筋壁板、飞艇桁架、汽车电池盒、螺旋桨、飞机水平尾翼、贮箱等典型结构，研究各自的特点，探索其设计分析方法。加筋壁板是飞行器常用的结构件，是组成其他部件的基本单元，第2章论述了加筋壁板设计的技术要点，并对其进行了快速屈曲分析；飞艇桁架是配合气囊共同承载的轻质结构，第3章设计了飞艇推进支架和弯曲圆管，并具体论述了弯曲圆管的制作工艺；动力电池是新能源汽车的核心部件，电池盒是包裹在电池组的最外层结构，起承载和保护作用，第4章对汽车电池盒进行了设计，并对注胶方案进行了模拟；船用复合材料螺旋桨在缓解空泡损伤、耐腐蚀、抗疲劳方面具有优势，第5章采用面元法设计了复合材料螺旋桨，并对其疲劳寿命进行了评估；飞机的水平尾翼承担着飞机稳定性和机动性能的作用，第6章设计了复合材料水平尾翼，以位移为目标优化了铺层比例；聚合物复合材料低温贮箱的研发是下一代空间探测器和火箭提升运载能力的关键，第7章对复合材料燃料贮箱的壳体和端框进行了设计，并分析了贮箱的渗漏性；多功能结构电池作为一种具有储存电能和承受载荷的新型材料，能够有效地减轻总体质量，第 8 章研究了储能结构的力学性能，并以此为材料设计和分析了汽车机盖；在此基础上，结合我国实际情况，第 9 章对未来复合材料结构设计的理念、发展方向及可能或必须突破的重大科学技术进行了描述。

　　本书编著者及其分工如下：

　　第 1 章由上海交通大学陈政、东华大学岳广全编著；第 2 章由上海交通大学赵海涛、刘馨阳，北京航空航天大学叶金蕊编著；第 3 章由上海交通大学赵海涛、李晓旺，西安康本材料有限公司王增加编著；第 4 章由上海交通大学赵海涛、黄继平，中国商飞北京民用飞机技术研究中心丛晶洁编著；第 5 章由上海交通大学陈吉安、袁明清编著；第 6 章由上海交通大学陈吉安、李若薇，中国商飞北京民用飞机技术研究中心丛晶洁编著；第 7 章由上海交通大学赵海涛、田莉，上海宇航系统工程研究所王勇、杨颜志编著；第 8 章由上海交通大学陈吉安、袁明清编著；第 9 章由北京航空航天大学叶金蕊编著。全书由赵海涛、王勇、陈吉安统稿、定稿。

　　由于编著者水平有限，书中难免存在疏漏和不足之处，恳请读者批评指正！

编著者

2020 年 7 月

目　　录

第1章 概　　论

复合材料结构具有高比强度、高比刚度的优点,在各个领域都有所应用,包括航空航天、海洋工程、电力系统、交通运输等行业。复合材料结构是以设计为先导的轻质、高效结构,在设计过程中,不仅需综合考虑使用环境、材料、工艺、成本等方面的问题,还要结合检测、积木式试验验证等环节,复杂性远超各向同性材料结构设计,但可设计性强也是复合材料的重要特点。

1.1　复合材料的发展和应用

1.1.1　复合材料的发展

1. 增强纤维材料

纤维是树脂基复合材料的增强相,在复合材料中主要起承载作用。复合材料中处于定向结构的纤维使得复合材料在增强方向上呈现出高强度、高刚度的特点。树脂基复合材料常用的增强纤维包括玻璃纤维、芳纶纤维、碳纤维、PBO 纤维、聚酰亚胺纤维和玄武岩纤维等,各类纤维的材料属性见表 1.1。

表 1.1　各类纤维的材料属性

纤维类型	纤维名称	密度/(g·cm^{-3})	拉伸模量/GPa	拉伸强度/MPa	延伸率/%
玻璃纤维	E 玻璃纤维	2.54	72	3 430	4.8
	S 玻璃纤维	2.48	75	4 600	5.7
芳纶纤维	K49 芳纶纤维	1.44	121	3 790	2.5
	Apmoc 芳纶纤维	1.44	127	4 350	4.0
	HM-50 芳纶纤维	1.44	140	4 500	4.0
	Vectran 纤维	1.41	90	3 200	4.0
碳纤维	AS4 碳纤维	1.79	221	3 930	1.6
	T300 碳纤维	1.76	230	3 530	1.6
	T700 碳纤维	1.80	274	5 150	1.7
	T800HB 碳纤维	1.81	294	5 590	1.9
	T1000 碳纤维	1.82	294	7 060	2.4
	IM7 碳纤维	1.80	274	5 880	1.9

续表

纤维类型	纤维名称	密度/(g·cm⁻³)	拉伸模量/GPa	拉伸强度/MPa	延伸率/%
碳纤维	IM9 碳纤维	1.80	290	6 343	2.0
	M40JB 碳纤维	1.93	377	4 400	1.2
	UM63 碳纤维	1.95	610	3 530	0.6
PBO 纤维	zylonHM	1.56	280	5 800	2.5
	zylonAS	1.54	180	5 800	3.5
聚酰亚胺纤维	—	1.41	140	4 000	15
超高分子量聚乙烯纤维		0.98	100	3 100	3.6
玄武岩纤维	—	2.63	110	4 500	3.3

玻璃纤维是最早使用的一种纤维增强材料,具有高强度、高延伸率、低成本的特点,可以制成织物,但弹性模量较低,在桥梁面板、防撞系统中应用较多,也常见于民用复合材料产品。芳纶纤维具有高强度、高模量、抗冲击、耐疲劳的特点,但对酸碱、光、水的耐性较差,常用于防弹、抗冲击领域。碳纤维比强度高,热膨胀系数低,同时具有耐高温的特点,常用于加固筋条结构,但进口纤维价格较高,国产碳纤维价格约为进口产品的一半。PBO纤维的强度、模量、耐热性、抗燃性、耐冲击性、耐摩擦性和尺寸稳定性均很优异,可用于防护设备和高拉力材料。聚酰亚胺纤维拥有良好的可纺性和阻燃性,是制作装甲部队防护服、赛车防燃服、飞行服等防火阻燃服装最为理想的纤维材料。超高分子量聚乙烯纤维具有轻质高强和抗冲击性能好的特点,适用于各种飞机的翼尖结构,也可以用作降落伞和悬吊重物的绳索。玄武岩纤维耐高温性能好,化学性能稳定,因此多用于长期户外服役的结构件。

增强纤维占复合材料成本的比例最大,因此纤维材料的低成本化是其在工业领域广泛应用的必然发展趋势。一般认为,只有纤维价格比当前国际市场价格低50%～80%时,才有可能在工业领域大量应用。纤维材料分为宇航级与工业级两类,也称为小丝束和大丝束。宇航级纤维通常用于国防军工或航空航天领域,而工业级纤维广泛应用于民用领域,价格一般是宇航级纤维的一半。由于成本价格是开发纤维市场的关键因素之一,因此工业级纤维在民用领域的应用是当前的发展趋势。对于国防军工等高技术领域,则要求进一步提高复合材料的性能,因此需要性能更好的纤维增强材料,即更高的强度、弹性模量等。

2. 树脂基体材料

树脂基体在复合材料中主要起黏结作用,可以分为热固性树脂和热塑性树脂两类。常用的树脂基体性能参数见表1.2。不饱和树脂成型工艺简单、成本低、应用范围广,尤其适用于大型复合材料产品。但不饱和树脂收缩为8%～10%,容易引起复合材料产品缺陷,因此目前重点研究低固化收缩率的不饱和树脂。乙烯基树脂包括双酚型和酚醛型,其中双酚型乙烯基树脂的反应活性高,固化速度快,具有高柔韧性、耐冲击、耐疲劳、耐热的物理性能,还能够改善树脂与增强材料之间的润湿性。酚醛型乙烯基树脂主要用于有溶剂、氧化性、高温高烟气的腐蚀性环境,在高温下仍具有较好的强度。环氧树脂种类繁多,工艺性能、力学性能都比较好,但耐热性差、韧性低、价格高。

表 1.2　各类树脂的材料属性

树脂类型	密　度 /(g·cm⁻³)	热变形 温度/℃	抗拉强度 /MPa	抗压强度 /MPa	抗弯强度 /MPa	延伸率/%	弯曲模量 /GPa
不饱和聚酯树脂	1.11~1.20	80~180	42~91	91~250	59~162	5.0	2.1~4.2
乙烯基树脂	1.04	137~155	595~85	—	112~139	2.1~4.0	3.8~4.1
环氧树脂	1.1~1.25	50~121	98~210	210~260	140~210	4.0	2.1
酚醛树脂	1.2~1.3	120~151	45~70	154~252	59~84	0.4~0.8	5.6~12.0

为提高树脂基体材料的强度、刚度并改善树脂与纤维的界面特性,向聚合物基体添加纳米材料具有显著效果。同时,纳米材料还改善了树脂材料的耐热性、导热、导电、吸波、防紫外线等特性,不仅提高了树脂材料的物理特性,还赋予其功能特性。

3. 成型工艺

复合材料的成型工艺由早期的手糊法向技术密集、自动化方向发展,目前的成型技术已有 20 多种,主要包括手糊(接触成型)、热压罐、模压、拉挤、缠绕、层压、喷射、树脂传递模塑、自动铺放技术等。

(1)手糊成型

手糊成型是通过手工作业,把纤维织物和树脂基体交替铺在模具上,固化后成为复合材料产品。手糊法的复合材料产品尺寸形状灵活,操作简便,成本低,能够合理使用增强材料,但是对工人技术要求高,产品质量稳定性差、生产周期长、效率低,生产环境差。

(2)热压罐成型

热压罐成型方法是将产品密封在模具和真空袋之间然后放入热压罐中,通过抽真空和罐内加压对复合材料产品均匀施压,使产品更加密实,具备更好的力学性能。该法制备的复合材料,其树脂材料挥发小,可消除气泡等缺陷,同时可改善产品表面质量。

(3)模压成型

模压成型是将复合材料(可以是树脂与短纤维的混合物,也可以是长纤维预浸料)放置在模具腔内,通过对模具加热、加压,使复合材料产品成型并固化。模压成型生产的复合材料产品质量稳定、强度高、尺寸精度高,但对模具、设备要求较高,增加了复合材料制造成本。当然可在后期通过批量化生产来降低产品的成本。

(4)拉挤成型

拉挤成型工艺是在牵引设备的牵引下,将连续纤维或其织物进行树脂浸润并通过成型模具加热使树脂固化。采用拉挤工艺生产复合材料型材,具有工业化程度高、产品质量稳定等优点,适用于桥面板、房屋结构、钻井平台和护栏系统等。拉挤型材具有丰富的截面形式,截面尺寸和形状可以根据产品具体要求进行设计。拉挤成型的复合材料型材一般为薄壁结构,纤维主要沿纵向分布,因此具有较大的轴向强度及刚度,横向强度则相对较小。

(5)缠绕成型

缠绕成型工艺是将浸过树脂胶液的连续纤维按照一定规律缠绕到芯模上,经过固化、脱模获得复合材料制品。目前纤维缠绕成型工艺已经获得广泛的应用,更容易实现机械化、自动化生产,获得的复合材料产品质量稳定。但缠绕工艺的复合材料产品仅限于回转体,例如管形、罐形复合材料产品。随着生产自动化水平的提高,现已可对预浸料进行缠绕,减少了纤维浸胶的过程,使产品含胶量更加均匀。

(6)层压成型

层压成型工艺是指把一定层数的浸胶布叠在一起,采用多层液压机在一定温度和压力下压制成复合材料板材。该类工艺得到的复合材料产品表面光滑、质量稳定、生产效率高,但仅限于生产一定尺寸的板材。

(7)喷射成型

喷射成型是指将树脂、纤维同时从两个喷枪中喷出,均匀沉积在模具上,待纤维和树脂沉积到一定厚度时用手辊压实去除气泡,最后固化制成复合材料制品。喷射成型也具有生产效率高的优点,同时产品的整体性能好,设备简单,但获得的复合材料产品强度低,工人劳动环境差,并且对树脂损耗较大。

(8)树脂传递模塑工艺

树脂传递模塑工艺即 RTM(resin transfer molding)工艺,是先将增强纤维制成一定的形状,然后置于闭合模具中,再将树脂注入模具成型固化。RTM 工艺获得的产品质量好,模具以及设备的成本较低,并且能够生产形状复杂的产品。但采用该工艺生产的复合材料产品使用寿命较短,纤维含量不能过高,产品的尺寸也不宜过大。为了进一步提高生产效率,在 RTM 工艺的基础上改进发展出了真空辅助树脂传递模塑(VARI)、热膨胀树脂传递模塑(TERTM)、树脂膜浸透成型(RFI)、连续树脂传递模塑(CRTM)、共注射传递模塑(RIRTM)和 Seeman 复合材料树脂渗透模塑(SCRIMP)等工艺。

(9)自动铺放技术

自动铺放技术包括预浸料自动铺带技术以及纤维自动铺放技术。纤维自动铺放技术是在纤维缠绕工艺和自动铺带技术的基础上发展而来的,融合了缠绕成型工艺和自动铺带技术的优点,实现了复合材料复杂结构产品的自动化制造。自动铺放技术具有效率高、纤维取向误差小、铺层间隙控制精度好、材料利用率高等优点,适用于包含凹凸曲面、开口、加强筋等细节的复杂结构件制备。

4. 新型复合材料

复合材料的可设计性强是其主要优点之一。随着工业领域技术的进步,要求复合材料不仅具有高性能,而且还要向多功能、智能化、绿色化发展,使复合材料的可设计性不再局限于结构强度方面。

(1)功能复合材料

结构材料与功能材料互相结合、渗透,可形成多重功能的复合材料产品,例如具有隐身、耐高温、抗核、吸波、透波、减振、降噪、磁性、储能等功能的复合材料。结构功能一体化非常适合复合材料的可设计性、可混杂性,同一材料具有多重功效,对降低结构重量、减少功能组件非常有效。

（2）智能复合材料

智能复合材料指材料能够根据环境变化做出响应,使其处于最佳状态的材料。智能材料要求具备传感、控制和驱动的功能,能够自诊断、自适应以及自修复。复合材料的智能化由复合材料结构件与电子元器件结合来实现,因此与微电子工业的发展密不可分。智能化复合材料是材料、电子、机械、计算机等现代高新技术的集成与一体化,是复合材料的重要发展方向。

（3）仿生复合材料

仿生复合材料是指仿照生物体结构与功能而设计并制备的复合材料。天然形成的生物材料经过亿万年物竞天择的进化,具有优异的结构和性能。通过研究天然的生物材料,如贝壳（其叠层结构更耐冲击）,人类从中获得启示,为复合材料的设计和制备提供了广阔的前景和全新的途径。

（4）绿色环保复合材料

复合材料在军工、民用产品中所占比例日益增长,但纤维与树脂的混杂导致复合材料分离回收困难或者回收成本过高。随着人们对环境保护、节约资源的重视,开发绿色环保的复合材料成为热点。虽然绿色环保复合材料及其回收再利用技术尚存在许多技术难题,为实现复合材料工业的可持续发展,必须大力发展绿色环保的复合材料生产技术,改进复合材料制备工艺并开发复合材料回收再利用技术。

1.1.2 复合材料的应用

纤维增强树脂基复合材料凭借其高比强度、加工成型方便、耐候性好、成本低等优势,广泛地应用于航空航天、汽车、电子电气、建筑、体育器材、海洋船舶等制造领域,并形成了一系列的设计软件、技术规范和研究成果,产生了显著的社会经济效益。

1. 航空航天

在航空航天领域,对于结构材料的轻量化、低热膨胀系数具有较高要求,因此自 20 世纪 70 年代纤维增强树脂基复合材料开始在航空航天领域应用以来,其在航空航天飞行器中的占比逐年增加,尤其是飞行器中的薄壁板壳结构大量使用复合材料。采用复合材料代替钛、铝、镁等金属材料,可以大幅降低结构重量,从而减少油耗,提高运载量,并降低运营成本。随着科学技术进步,纤维增强树脂基复合材料逐步走向成熟,种类与产量也不断增加,质量逐渐提高,成本逐步下降,已经发展成为目前航空航天最重要的结构材料,其用量成为衡量飞行器先进性的重要指标之一。虽然复合材料的性能已经得到了显著的提升,但高韧性（高抗冲击性）、低成本、耐高温和耐低温仍然是高性能航空航天复合材料的主要发展方向。

军用飞机方面,例如战斗机使用的复合材料约占材料总重的 30%,据估计新一代战斗机将达到 40%。直升机以及小型飞机的复合材料占比将超过 70%,甚至出现全复合材料飞机。以第四代战斗机 F/A-22 为例,复合材料占比为 24.2%,其中热固性复合材料占比

23.8%，热塑性复合材料占比 0.4%，主要应用于机翼、中机身蒙皮、隔框、尾翼等部分。

复合材料在民用飞机中的应用日益增加，如欧洲空中客车公司研制的双发远程宽体客机 A350，复合材料约占材料总重的 52%，铝或铝锂合金约占 20%，钛合金约占 14%，钢材约占 7%。我国干线客机 C919 的复合材料用量为 12.5%，下一代宽体客机的复合材料用量将达到 50% 左右。在民用飞机中使用复合材料，不仅降低了结构总重量，减少油耗，还能够提高飞机的各种飞行性能。

在航天器方面，卫星的微波通信系统、能源系统、支撑结构件基本都实现了复合材料化，有效降低了卫星重量，进而降低了发射成本。

在飞艇方面，作为主要承载结构同时又是装填浮升气体的气囊，其材质主要采用 Vectran 纤维织物。飞艇的吊舱、尾翼、螺旋桨、支撑杆件则多采用碳纤维增强树脂基复合材料。

2. 交通运输

目前纤维增强树脂基复合材料在交通运输工业中的使用量很大，汽车、轨道列车、船舶等交通运输工具与交通设施方面的使用量达到总产量的 30% 以上。在汽车结构件中采用复合材料能够减轻车身重量，节约用油，也能提高生产效率并降低生产成本。用复合材料取代钢材制造的车身和底盘构件，能够使结构重量降低 68%，从而减少 40% 的油耗。轨道交通如高速列车、地铁、轻轨等中复合材料的使用占比也大幅上升，车头盖、车体、内部装饰等大量使用复合材料制造。

3. 建筑

建筑业是复合材料应用比较广泛的行业，纤维增强树脂基复合材料在建筑中的应用主要包括建筑物的建造以及受损部位（如被腐蚀管道、混凝土柱、钢柱等）的修复等。复合材料可以直接用于制造建筑用结构件，例如复合材料吊顶、蔬菜大棚、海上移动式平台、人行天桥等，也可以在建筑中作为修复的重要材料。例如利用纤维增强树脂基材料对高强混凝土进行缠绕加固，可以提高混凝土轴心的抗压强度和断裂延伸率，从而改善传统混凝土材料的脆性。此外还有在跨江大桥中增加复合材料防撞结构的实例，复合材料防撞系统发挥出了延长撞击时间、耗散撞击能量、减轻船舶撞损、耐腐蚀、免维护的功能及优势。复合材料在建筑业领域具有良好的应用前景，但建筑业用复合材料耐久性及耐候性的相关标准及设计指南仍较为匮乏。

4. 体育器材

体育用品如帆板、冲浪板、雪橇、高尔夫球杆、各种球拍、自行车、钓竿等均可以由纤维增强树脂基复合材料制成，而且复合材料制作的体育用品往往还能改善其使用性能，既有利于运动员创造更好的成绩，也提升了民众的使用体验。利用复合材料的抗冲击、吸收撞击能量的性能，还可以将复合材料用于高速冲击性运动的防护护具。复合材料已经成为发展现代体育器材必不可少的新材料之一。

5. 电力系统装备

电力系统装备采用复合材料产品受到了世界各国的重视。如复合材料电杆、输电杆塔的质量轻、强度高,安装方便,耐腐蚀性好,绝缘性好,可减少维护运营成本,并提高线路的安全水平。复合材料在电力系统装备上的另一大应用是风力发电机组的超长叶片,其主要组成材料为增强材料、环氧树脂和夹芯材料。叶片是风力发电系统的关键动力部件,设计和制造水平对风力发电起着决定性作用。

6. 海洋工程装备

复合材料在海洋工程装备中的应用包括管线、平台、船舶等。复合材料的耐腐蚀性、破裂模式及轻质等特性使其在海洋工程装备中极具优势,如树脂基体和纤维增强体均不与海水中的盐碱反应,复合材料制品在海洋中的寿命更加长久。复合材料的破坏方式为逐层断裂,优于金属材料的突然破坏,可提前进行预警。复合材料的轻质优势应用到船舶上更加明显,对提升速度、机动性等效果显著。

1.2 复合材料结构的设计特点

1.2.1 复合材料的结构特性

复合材料既是一种各向异性材料又是一种结构,具有可设计性。复合材料区别于传统材料的根本特点是,设计人员可以根据产品的性能要求和设计条件,在对结构进行设计的同时对材料本身进行设计。实际工程中,大部分复合材料及其结构件都是同时设计完成的。

层合板是复合材料结构件的基本单元,而单层板又是层合板设计的基本单元。从固体力学的角度分析,通常把复合材料分为三个结构层次,分别是一次结构、二次结构、三次结构。经常所用的复合材料产品或者工程构件称为三次结构;在工程构件上切取局部结构,称为二次结构,它是由若干不同方向的单层材料按照一定顺序叠合而成的层合板;组成层合板的单层称为一次结构。

与三个结构层次的概念相对应,复合材料的设计包含三个层次:单层材料设计、层合板设计和结构设计,这三个层次相互影响,设计人员需要同时考虑材料性能和结构性能,材料设计和结构设计也必须同时进行。

1.2.2 复合材料的结构设计过程

复合材料产品设计是一个复杂的系统工程,需要考虑众多的因素。由于复合材料具备很多不同于各向同性材料的特点,因此设计过程也大不相同。复合材料产品的设计过程通常包括三项设计:①功能(性能)设计;②结构设计,包括强度、刚度和稳定性分析;③工艺设计。这三个设计环节相互联系,需综合协调。功能设计必须满足产品的使用目的和条件,同时必须具备某些特殊的设计要求,比如风机叶片的气动性能,天线罩的介电性能,冷却塔的热工性能,燃料贮箱的隔热性能。结构设计是根据所承受载荷和使用环境,设计出使材料不产生破坏和有害变形的结构尺寸,确保产品安全可靠。工艺设计应尽可能使成型方便、成本低廉、生产周期短。同时,功能设计和结构设计应相互配合,避免在制造和使用过程中出现返工。

复合材料的结构设计过程如图1.1所示,设计过程比各向同性材料复杂,考虑因素多种

多样,可大致划分为以下三个部分:

(1)性能要求和设计条件。这是结构设计的输入条件,必须满足。

(2)结构设计。从材料设计开始,选择可行的树脂和纤维,两者应具有良好的相容性;对结构进行铺层和外形设计,采用实验或分析方法检验结构的可靠性;对复合材料结构进行工艺设计。

(3)总体评价。包括性能评价和效益评价,对力学性能、经济效益进行校核。

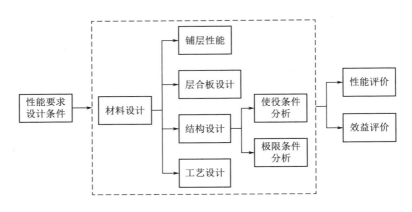

图 1.1　复合材料结构设计过程

首先,需要明确性能要求和设计条件,即根据使用目的提出性能要求(气动性能、热工性能、介电性能、耐腐蚀性、结构质量、使用寿命等),分析实际应用中的载荷状况(静载荷、瞬时作用载荷、冲击载荷、交变载荷等)、环境条件(包括加速度、冲击、振动等力学条件,压力、温度、湿度等物理条件,风雨、日光、冰雪等气象条件,放射线、霉菌、盐雾、风沙等大气条件)以及受几何形状和尺寸大小的限制等,这些是结构设计的输入条件。设计条件有时也可能不大明确,尤其是结构所受载荷的性质和大小往往是变化的。因此,在明确设计条件过程中有时也有反复,需要迭代几次后才能确定出满足要求的结构。

其次,确定设计条件后,需要考虑构建复合材料结构的材料和性能,确定结构形式、成型方法和模具方案。结构设计中,刚度、强度和稳定性的基本原则必须满足。在外载荷条件下,根据材料特性,用结构计算方法求解应力和应变,在考虑了设计准则中的安全系数和许用应力后,确定结构尺寸,并完成整个结构和局部细节的设计与分析。必要时,可通过结构选型实验,确定最佳的结构形式。

最后,试验验证主要采用积木式方法,其依据是假设由低级试件所得到的材料、结构对外部载荷的响应,可以直接转换到上一级较高的试件。该方法通过试样(单层和层合板)、元件(含典型结构)、组合件、全尺寸部件等多个层次,逐步进行设计验证试验。多层次验证方法有助于技术难点在低层次上解决,同时能大概率确保全尺寸试验一次性通过。

当然,在选择材料、结构形式和尺寸时要考虑其工艺性,尽可能使产品制造简单而且价格便宜。试生产出产品后,需要在与使用环境近似的条件下进行结构和功能试验,确保满足设计要求,否则,就要进行修正直至满足要求。在进行经济性评估后,可投入市场。

1.3 材料设计

1.3.1 原材料的选择原则

在原材料的选择上,可遵循如下原则:

(1)在使用性能上,材料与结构的使用环境必须相匹配,应考虑结构所处的高低温、干湿环境,及有无雷雨、烟气、盐碱或其他腐蚀性影响等;

(2)从力学性能上,由材料制造的结构应具有比强度、比刚度高的特点,同时还需考虑材料的耐疲劳特性;

(3)从结构性能上,应满足结构特殊性要求,如结构功能一体化,不仅要满足结构上的要求,其功能也需同时满足;

(4)从工艺可行性上,满足工艺性要求,工艺条件能达到;

(5)从成本角度上,要求成本低、效益高,性价比高才具有竞争性。

1.3.2 纤维增强材料的选择原则

在复合材料中,增强材料主要起承载作用。目前,纤维状增强材料是作用最明显、应用最广泛的增强材料,主要有碳纤维、玻璃纤维、硼纤维、芳纶纤维、超高分子量聚乙烯纤维等种类。

在选择纤维时,首先要确定纤维的类别,其次要确定纤维的品种规格。确定类别时,应按照比强度、比刚度、延伸率、热稳定性、性能价格比等指标并结合结构的使用要求综合考虑后选定。确定纤维的品种规格时主要依据结构的形状尺寸、承载状况、使用性能要求和成型工艺等条件选定。

纤维的选择可遵循如下原则:

(1)与树脂结合能力好——纤维与基体可形成稳定的界面,保证力的传递;

(2)满足力学要求——强度、刚度、稳定性、可靠性等;

(3)满足功能要求——导电性、热力学特性、隐身性、防护性等;

(4)经济性要求——性价比高。

1.3.3 树脂基体的选择原则

树脂在复合材料中作为基体材料,一方面将结构粘结为一个整体,起传递载荷的作用;另一方面,赋予复合材料各种优异的性能,特别是耐腐蚀性能。复合材料的耐腐蚀性主要取决于树脂的类型。

目前,复合材料的主要基体材料有不饱和聚酯树脂、乙烯基酯树脂和环氧树脂等热固性树脂,由于其具备良好的力学性能、工艺性能和较低的价格,得到了广泛的应用。在航空航天工业中使用的高性能复合材料,主要使用环氧树脂和双马来酰胺树脂。对于近年来发展较快的热塑性树脂基体,虽然在航空航天工业、汽车工业、电子电器等领域取得了一定的应用,但是由于成本、加工温度较高和纤维浸渍等因素,同时考虑到其力学性能和老化等方面不及热固性复合材料,目前热塑性复合材料应用的占比还相对较小。

复合材料树脂基体选择可遵循如下原则:

(1)满足环境要求。结构在使用温度范围能正常工作。

(2)满足力学性能要求。结构在服役时,其变形、强度在安全范围内。

(3)满足工艺要求。在保证质量的同时,制备方便。

(4)满足环境要求。低毒性、低刺激性。

(5)满足性价比要求。价格低廉,性价比高。

1.4 层合板设计

1.4.1 层合板设计原则

1. 铺层定向原则

在满足受力的情况下,铺层方向数应尽量少,以简化设计和施工的工作量。一般多选择0°、90°和±45°四种铺层方向。相邻铺层间的角度应尽可能小于60°,以减小层间应力影响和固化引起的微裂纹。

2. 均衡对称铺设原则

除了特殊需要外,结构一般均设计成均衡对称层合板形式,以避免拉—剪、拉—弯耦合而引起固化后的翘曲变形及安装时的装配应力。

3. 铺层取向按承载选取原则

铺层的纤维轴向应与结构内力的拉压方向一致,或与主梁轴线平行,以最大限度利用纤维0°方向的高性能。

4. 铺层最小比例原则

为使复合材料的基体沿各个方向均不受载,对于由方向为0°、90°、±45°铺层组成的层合板,其任一方向的最小铺层比例数应不低于10%,最大不超过60%。

5. 铺设顺序原则

应使各定向单层尽量沿层合板厚度均匀分布,避免将同一铺层角的各层集中放置。如果必须集中放置时,一般不超过4层,以避免微裂纹的产生和边缘分层。±45°铺层应远离层合板中面铺设,以提高层合板的屈曲强度;±45°铺层顺序的布置应使弯曲刚度系数尽可能小。

6. 铺设表面和中面原则

制件表面应采用45°铺层,以承受由剪切载荷引起的压力;最外层应是连续完整形状的铺层。承受压缩载荷的层合板,前3层尽量不布置0°铺层,0°铺层应远离层合板中面铺设,以提高层合板的柱形屈曲强度。

7. 冲击载荷设计原则

对于承受面内集中力冲击部位的层合板,要进行局部加强,以确保足够的强度来抵抗冲击载荷,使结构受冲击后不损坏或者损伤程度不影响结构正常工作。

8. 连接区设计原则

应使与钉载方向成 ±45° 的铺层比例不小于 40%，与钉载方向一致的铺层比例大于 25%，以保证连接区有足够的剪切强度和挤压强度，同时也有利于扩散载荷和减少孔洞的应力集中。

9. 变厚度设计原则

在结构变厚度区域，铺层数递增或递减应形成台阶逐渐变化，因为厚度的突变会引起应力集中，要求每个台阶宽度相近且不小于 2.5 mm，台阶高度不超过宽度的 1/10。在变厚度区域的表面铺设连续覆盖层，以防止台阶处发生剥离破坏。

10. 圆角设计原则

一般情况圆角半径不小于 5 mm，圆角半径过小时，圆角区域可能发生纤维拉断、架桥、树脂堆积等缺陷。圆角半径根据在阴模或阳模上铺层也有所差别，层合板厚度也是圆角设计的依据：对于阳模成型，若层合板厚度 $t<2.5$ mm，则最小圆角半径 $r \geq \max(2t, 3.0 \text{ mm})$；若层合板厚度 $t \geq 2.5$ mm，则最小圆角半径 $r \geq \max(t, 5.0 \text{ mm})$。对于阴模成型，不区分厚度，均需满足最小圆角半径 $r \geq 2t + 1.5$ mm。

11. 开口区铺层原则

在结构开口区应使相邻铺层的夹角不大于 60°，以减小层间应力。开口形状应尽可能采用圆孔，因为圆孔边应力集中较小。若必须采用矩形孔时，则拐角处要采用半径较大的圆角。另外在开口时，切断的纤维应尽可能少。

1.4.2　层合板设计方法

层合板设计方法随着复合材料在各种结构上的广泛应用而逐步发展，设计方法有：等代设计法、准网络设计法、层合板排序法、毯式曲线设计法和优化设计法等。

1. 等代设计法

等代设计法是工程中和材料中较为常见的一种设计方法，一般是指在载荷和使用环境基本不变的情况下，考虑部分材料性能，采用相同或者相近形状的复合材料构件来代替其他材料，并用原来材料的设计方法进行设计。等代设计一般先进行等刚度设计后，再进行强度校核。具体的设计步骤如下：

（1）计算原结构的刚度和强度。

（2）拟定替代方案，确定替代结构的细节和组成元件的剖面形式。对于梁形构件，主要使剖面的弯曲刚度和扭转刚度尽可能的大。

（3）计算各组成元件的拉伸刚度、弯曲刚度和扭转刚度，对各组成元件进行铺层设计，并确定各元件厚度。

（4）计算复合材料的总体拉伸刚度、弯曲刚度和扭转刚度。

（5）将复合材料结构的刚度参数和原结构做比较，若已满足刚度要求，则转入下一步强度校核；若不满足，则应重新进行刚度设计。一般情况下，在刚度已经满足要求时，强度是可以满足要求的。

2. 准网络设计法

准网络设计法是指在不考虑基体的刚度和强度,仅考虑纤维方向刚度和强度的情况下,按应力方向和应力大小确定各定向层层数比和总层数的层合板设计方法,又称为应力比设计法,适用于面内变形的层合板设计。设计步骤如下。

(1)计算应力

按照各向同性层合板的刚度参数计算出层合板应力 N_x^*、N_y^*、N_{xy}^*,得应力比:

$$N_x^* : N_y^* : N_{xy}^* = 1 : K_1 : K_2 \tag{1.1}$$

(2)确定定向层层数比

根据应力比确定各定向层层数比,即 N_x^* 对应于 0°方向铺设的单层,N_y^* 对应于 90°方向铺设的单层,N_{xy}^* 对应于 ±45°方向铺设的单层,并使各对应方向的层数之比为 $1 : K_1 : 2K_2$(这里的 $2K_2$ 是因为 ±45°成对铺设)。若各个单层选用的增强材料和规格品种都相同,则各对应方向的层数 n_x、n_y、n_{xy} 之比为

$$n_x : n_y : n_{xy} = 1 : K_1 : 2K_2 \tag{1.2}$$

(3)重新计算应力

根据上述各定向层层数比所构成的层合板,重新计算刚度参数,计算出相应的层合板应力 N_{x1}^*、N_{y1}^*、N_{xy1}^*。

(4)误差判别

如若 N_{x1}^*、N_{y1}^*、N_{xy1}^* 不满足式(1.1),则需调整定向层层数比,直至计算的应力在误差范围内。

(5)确定各定向层层数

计算各定向层的厚度,令其满足下式:

$$h_x : h_y : h_{xy} = 1 : K_1 : 2K_2 \tag{1.3}$$

层合板的总厚度可表示为

$$h = h_x + h_y + h_{xy} \tag{1.4}$$

假设单层厚度为 h_0,则各定向层层数可表示为

$$n_x = h_x/h_0, \ n_y = h_y/h_0, \ n_{xy} = h_{xy}/h_0 \tag{1.5}$$

总层数为

$$n = n_x + n_y + n_z \tag{1.6}$$

(6)构成层合板

根据各定向铺层方向及层数,按镜面对称方式叠合成层合板。

3. 层合板排序设计法

层合板排序设计法,是基于某一类或某几类层合板,选取几种不同的定向层层数比所构成的层合板系列,以表格的形式列出各种层合板在各组内力作用下的强度值或者刚度值,以及所需的铺层数,供设计者选择。其设计步骤如下:

(1)对设计的层合板提出某些性能指标,如刚度、强度、稳定性等;

(2)根据经典层合板理论编制程序,计算出一系列层合板的性能值;

（3）按照性能指标的优劣和总层数从少到多的顺序,依次列在表格中;

（4）选取满足设计要求的层合板。

4. 毯式曲线设计法

毯式曲线是指复合材料层合板的工程弹性常数或者强度随层合板各定向层层数比的变化所构成的列线图,又称卡彼特曲线。毯式曲线设计法用于设计给定刚度或者强度要求的层合板,利用毯式曲线确定它的各定向单层的比例和层数。毯式曲线设计法的基本步骤如下:

（1）画出毯式曲线

以单层材料的工程弹性常数或者强度为基本数据,利用经典层合板理论,计算出不同铺设情况下层合板的面内弹性常数或者强度,并画出毯式曲线图。

（2）确定定向层层数比和定向层层数

根据设计要求和层合板的一般设计原则,选定合理的定向层层数比;再根据式(1.3)～式(1.6)来确定各定向单层数和总层数。

5. 层合板优化设计法

层合板的优化设计是在一定的约束条件下,使层合板的某个或者某些目标特性达到最优的设计方法。一般情况下约束条件可以是强度、刚度、稳定性、振动、气动弹性等,目标函数为重量最轻。在结构优化设计中,常用算法有序列二次规划法、修正可行方向法、遗传算法、模拟退火算法等。

1.4.3　双稳态层合板设计方法

有一类特殊的层合板,存在两种稳定态,不同的稳定态之间可以通过输入很少的能量进行跳变,称为双稳态结构。形成这种现象的原因是由于复合材料各方向之间的热膨胀系数不同,在固化后由于残余热应力使层合板发生翘曲,如图 1.2 所示。双稳态层合板这类结构适合于可变形飞行器、可折展天线、进气道、排水管等。

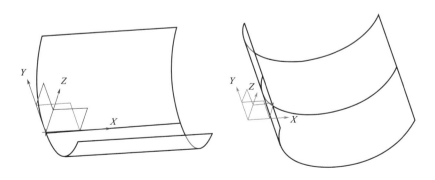

图 1.2　双稳态层合板的两个稳定状态

双稳态层合板的跳变可以采用多种驱动形式,形状记忆合金、柔性压电纤维复合材料

(MFC)都可作为驱动器。已有研究人员采用 MFC 驱动两层预浸料制备的[−45,45]正交碳纤维编织双稳态层合板,如图 1.3 所示。

图 1.3　MFC 驱动双稳态层合板的两种构型

1981 年,MICHAEL W. HYER 制作了一系列的非对称层合板,发现[0/90]铺层的层合板变形是圆柱形,而不是经典层合板理论预测的马鞍形。HYER 考虑了几何非线性并采用 Rayleigh-Ritz 法,给出了四参数理论预报模型,假设位移函数如下:

$$w = \frac{1}{2}(ax^2 + by^2) \tag{1.7}$$

$$u = cx - \frac{a^2 x^3}{6} - \frac{abxy^2}{4} \tag{1.8}$$

$$v = dy - \frac{b^2 y^3}{6} - \frac{abx^2 y}{4} \tag{1.9}$$

式中,a、b、c、d 四个参数为待求参数,可用最小势能原理进行求解。后续又有许多学者在 HYER 的工作基础上进行了改进,提出了六参数、十二参数等理论计算模型。

如果把双稳态层合板作为结构使用时,首先要考虑的就是稳定态下的结构状态,然后是分析改变这种状态所需的能量,即临界载荷。对于双稳态结构,可按如下步骤进行设计:

(1)根据需求设计铺层方向;

(2)按铺层设计分析结构在两种稳定状态下的构型;

(3)根据构型确定结构发生状态跳变的临界载荷;

(4)以临界载荷为输入条件,确定激励方式。

1.5　复合材料层合板的固化模拟

复合材料结构成型过程是树脂基体接受外界热量,不断胶联、放热,直至化学反应结束的固化过程。复合材料成型固化过程在接受外部热源加热的同时,内部由于树脂化学反应产生热量,构件内部的温度分布不仅依赖于外热源,还与树脂固化反应的放热量有关。放热反应可以导致构形复杂的整体化复合材料结构局部温度较高,形成复杂的温度梯度分布,结果将导致非均匀固化,影响产品质量。在树脂充分固化前,复杂的温度和固化梯度分布还可促使残余应力增长,影响结构内部残余应力的分布。同时,随着固化过程的推进,树脂发生化学反应,固化度不断发生变化,由其决定的树脂力学性能也不断变化,材料的模量能充分反映这个变化。

对复合材料的固化过程进行模拟,其主要目标是考察材料性能参数的变化及导致固化变形的主要原因,为设计合理的复合材料固化工艺和提高复合材料产品的质量提供理论依据。一般情况下,可基于热传导模型、固化动力学模型进行固化过程模拟。固化模拟分析流程如图1.4所示。

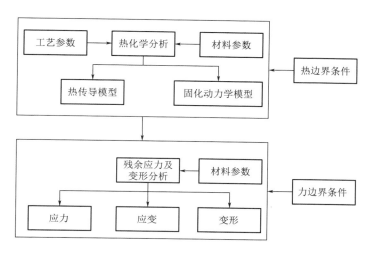

图 1.4　固化模拟分析流程图

1.5.1　热化学模型

1. 热传导模型

复合材料在固化过程中,由于树脂的化学变化、树脂收缩、模型膨胀等原因,不可避免地引起复合材料结构在固化后的变形。而对于复合材料结构,若变形过大,则无法满足结构的设计精度,同时也达不到设计要求,因此,对复合材料固化过程进行模拟,预报其固化后的变形量,是复合材料结构设计前期必须进行的工作。

热固性树脂基复合材料的固化过程是一个热与化学反应相互耦合的过程。复合材料构件内部的温度分布由向复合材料传热的速率和固化反应生成热的速率决定,复合材料固化温度场分析的本质是求解一个具有非线性内热源的热传导问题,其中内热源是树脂基体固化反应放出的热量。通过对该热传导问题的求解,可以得到复合材料在固化过程中任意时刻、任意位置的温度及固化度。由于固化阶段树脂基本不发生流动,可忽略对流传热影响,则根据Fourier热传导定律和能量平衡原理可建立该问题的数学模型如下：

$$\rho_c c \frac{\partial T}{\partial t} = k_{xx} \frac{\partial^2 T}{\partial x^2} + k_{yy} \frac{\partial^2 T}{\partial y^2} + k_{zz} \frac{\partial^2 T}{\partial z^2} + \dot{q} \tag{1.10}$$

式中　ρ_c——材料密度；

　　　c——材料比热容；

　　　k——材料不同方向的热传导系数；

　　　$\dot{q}$——树脂固化放热的内部热源。

复合材料的性能参数可按照纤维和树脂的混合定率计算得到：

$$\rho_c = f\rho_f + (1 - f)\rho_r \tag{1.11}$$

$$c = \frac{f\rho_f c_f + (1 - f)\rho_r c_r}{\rho_c} \tag{1.12}$$

$$k_c = \frac{K_f K_r \rho_c}{f\rho_f K_f + (1 - f)\rho_r K_r} \tag{1.13}$$

式中　f——纤维体积分数；

　　　ρ_f——纤维密度；

　　　ρ_r——树脂密度；

　　　c——材料比热容；

　　　k_c——材料热传导系数。

对于内部热源，可表示为

$$\dot{q} = \rho_r H_u \frac{d\alpha}{dt} \tag{1.14}$$

式中　H_u——固化反应完成时单位质量树脂放出的总热量；

　　　α——树脂固化度；

　　　t——固化时间。

2. 固化动力学模型

树脂的固化反应决定了热化学模型中内热源的大小，固化反应动力学模型主要有两种表征方法：力学的（微观水平）和唯象的（宏观水平）。其中唯象模型抓住了化学反应动力学的主要特征，忽略各组分之间相互作用的细节，也不需要知道树脂的组成或配方，是被广泛使用的方法。差示扫描量热法（DSC）是最常用的确定唯象模型的试验方法。树脂固化动力学模型采用唯象模型时，其方程式如下：

$$\frac{d\alpha}{dt} = K(T)f(\alpha) \tag{1.15}$$

式中　$f(\alpha)$——固化机理函数，可通过试验数据确定；

　　　$K(T)$——固化速率常数，可用阿累尼乌斯方程表示为

$$K(T) = A\exp\left(-\frac{E}{RT}\right) \tag{1.16}$$

其中　A——频率因子，

　　　E——活化能，

R——普适气体常数，

T——温度。

聚酯树脂的化学动力学模型是自催化反应模型，其方程式如下：

$$\frac{\mathrm{d}\alpha}{\mathrm{d}t} = (K_1 + K_2\alpha^m)(1 - \alpha^n) \tag{1.17}$$

式中，K_1 和 K_2 可用阿累尼乌斯方程表示为

$$K_1 = A_1\exp\left(-\frac{\Delta E_1}{RT}\right) \tag{1.18}$$

$$K_2 = A_2\exp\left(-\frac{\Delta E_2}{RT}\right) \tag{1.19}$$

式中，A_1，A_2，ΔE_1，ΔE_2 为实验确定的常数。

固化动力学模型和热传导模型是强耦合的。在评估残余应力的发展时，温度场的精确计算是影响残余应力计算精度的关键，也是影响制造工艺优化的关键。采用有限元方法处理这两个方程，可同时准确地计算温度场和固化度。

根据变分原理，对方程（1.10）进行体积积分，可得到

$$\int_V\left(\rho_c c\,\frac{\partial T}{\partial t}\right)\delta T\,\mathrm{d}V = \int_V\left(k_{xx}\,\frac{\partial^2 T}{\partial x^2} + k_{yy}\,\frac{\partial^2 T}{\partial y^2} + k_{zz}\,\frac{\partial^2 T}{\partial z^2} + \dot{q}\right)\delta T\,\mathrm{d}V \tag{1.20}$$

式中　δT——虚温度。

在有限元方法中，单元内任意点温度可由节点温度表示为

$$T = \sum_{i=1}^{n} N_i T_i \tag{1.21}$$

式中　N_i，T_i——单元形函数和节点 i 的温度；

　　　n——单元包含的节点个数。

采用有限元方法离散方程（1.20），再将式（1.21）代入式（1.20），经推导后可得：

$$c\dot{T} + kT = F \tag{1.22}$$

式中　c——比热容矩阵；

　　　T——节点温度向量；

　　　k——热导率矩阵；

　　　F——热载荷向量。

它们分别可由式（1.23）～式（1.26）来确定：

$$c = \int_V \rho_c c N_i N_j\,\mathrm{d}V \tag{1.23}$$

$$k = \int_V (\nabla N_i k\,\nabla N_j)\,\mathrm{d}V \tag{1.24}$$

$$F = \int_V N_i(1 - f)\,\dot{q}_r\,\mathrm{d}V \tag{1.25}$$

$$\dot{T} = \frac{\partial T}{\partial t} \tag{1.26}$$

式(1.25)是与固化反应放热相耦合的非线性热源项,在编制程序时要将其在单元内做积分而形成节点载荷。此处采用节点控制体积方法来计算等效节点集中载荷处理热源项,这种方法可以避免对单元上的分布式体积载荷做积分。控制体积 j 中树脂体积为

$$V_r^j = (1-f)V^j \tag{1.27}$$

式中　V^j——控制体积 j 的体积。

控制体积 j 的生成热 Q^j 可以表示为

$$Q^j = \rho_r H_u V_r^j \frac{\mathrm{d}\alpha^j}{\mathrm{d}t} \tag{1.28}$$

把式(1.28)所求得的 Q^j 作为节点集中载荷施加到节点 j 上,则方程(1.25)变为 $\boldsymbol{F} = \boldsymbol{Q}^j$ 的形式。

为获得生成热还需要求解出固化度,假设在一很小的时间间隔内温度是常量,用时间积分的方法来计算固化度,则有

$$\alpha^{t+\Delta t} = \alpha^t + \left(\frac{\mathrm{d}\alpha}{\mathrm{d}t}\right)^{t+\Delta t}\Delta t \tag{1.29}$$

由于 α^t 为上一步计算值,是已知的,而 $(\mathrm{d}\alpha/\mathrm{d}t)^{t+\Delta t}$ 也可事先由化学动力学模型确定,因此很容易得到 $\alpha^{t+\Delta t}$。

热源项与固化度耦合,这两者本质上都是时变的。当时间增量取得足够小时,在该时间增量内可以将热源项近似为常量,利用式(1.22)求解温度场。然后用方程(1.29)得到固化度。并以此修正下一步的热源载荷,重复上述过程直至固化结束。

1.5.2　残余应力及变形模型

随着固化过程的进行,树脂发生化学反应,树脂固化度不断发生变化,由其决定的树脂力学性能也不断变化。与固化进程相关的树脂弹性模量 E_m 由混合律可以表示为

$$E_m = (1-\alpha_{mod})E_m^0 + \alpha_{mod}E_m^\infty \tag{1.30}$$

$$\alpha_{mod} = \frac{\alpha - \alpha_{gel}}{\alpha_{end} - \alpha_{gel}} \tag{1.31}$$

式中　E_m^0——树脂未固化时的弹性模量;

E_m^∞——树脂固化反应完成时的弹性模量;

α_{gel}——凝胶时树脂的固化度;

α_{mod}——固化过程中任意时刻的固化度;

α_{end}——固化完成时树脂的固化度。

由此可求得固化过程中任意固化度时树脂的弹性模量。

假设在固化过程中树脂的泊松比 ν_m 保持不变,根据各向同性材料模量关系可以确定树脂的剪切模量 G_m 为

$$G_m = \frac{E_m}{2(1+\nu_m)} \tag{1.32}$$

得到树脂的瞬时弹性、剪切模量后,需要预报复合材料单胞的有效弹性常数。对于复合

材料层压结构,采用自洽方法预报纤维增强复合材料的有效弹性常数。下标 1、2、3 表示三个主轴方向,下标 f 和 m 分别表示纤维和树脂,ν 表示泊松比。

各向同性材料的体积模量为

$$k = \frac{E}{2(1 - \nu - 2\nu^2)} \tag{1.33}$$

纵向弹性模量为

$$E_1 = E_{1f}f + E_{1m}(1 - f) + \left[\frac{4(\nu_{12m} - \nu_{12f}^2)k_f k_m G_{23m}(1 - f)f}{(k_f + G_{23m})k_m + (k_f - k_m)G_{23m}f}\right] \tag{1.34}$$

纵向泊松比为

$$\nu_{12} = \nu_{13} = \nu_{12f}f + \nu_{12m}(1 - f) + \left[\frac{(\nu_{12m} - \nu_{12f})(k_m - k_f)G_{23m}(1 - f)f}{(k_f + G_{23m})k_m + (k_f - k_m)G_{23m}f}\right] \tag{1.35}$$

面内剪切模量为

$$G_{12} = G_{13} = G_{12m}\left[\frac{(G_{12f} + G_{12m}) + (G_{12f} - G_{12m})f}{(G_{12f} + G_{12m}) - (G_{12f} - G_{12m})f}\right] \tag{1.36}$$

横向剪切模量为

$$G_{23} = \frac{G_{23m}\left[k_m(G_{23m} + G_{23f}) + 2G_{23m}G_{23f} + k_m(G_{23f} - G_{23m})f\right]}{k_m(G_{23m} + G_{23f}) + 2G_{23m}G_{23f} - (k_m + 2G_{23m})(G_{23f} - G_{23m})f} \tag{1.37}$$

横向弹性模量为

$$E_2 = E_3 = \frac{1}{1/(4k_r) + 1/(4G_{23}) + \nu_{12}^2/E_1} \tag{1.38}$$

以上式中,k_r 按下式计算:

$$k_r = \frac{(k_f + G_{23m})k_m + (k_f - k_m)G_{23m}f}{(k_f + G_{23m}) - (k_f - k_m)f} \tag{1.39}$$

横向泊松比为

$$\nu_{23} = \frac{2E_1 k_r - E_1 E_2 - 4\nu_{12}^2 k_r E_2}{2E_1 k_r} \tag{1.40}$$

如果构件由编织复合材料构成,应先将编织复合材料划分为 n 类单向纤维复合材料(如必要纯树脂材料区也算一类),然后,采用细观力学的自洽方法预报第 n 类复合材料的有效弹性常数,再根据纤维取向轨迹,将 n 类单向纤维复合材料简单叠加得到编织复合材料单胞的有效弹性常数,即

$$C_{\text{eff}} = \sum_{n=1}^{N}(f_n \boldsymbol{T}_n^{\text{T}} \boldsymbol{C}_n \boldsymbol{T}_n) \tag{1.41}$$

式中 $\boldsymbol{C}_{\text{eff}}$——单胞有效刚度矩阵;

f_n——第 n 类复合材料占单胞的体积分数;

$\boldsymbol{T}_n$——单胞总体坐标系与第 n 类复合材料的局部坐标系间的应力应变转换矩阵;

$\boldsymbol{C}_n$——第 n 类复合材料的刚度矩阵。

由于纤维和树脂基体具有不同的热膨胀系数,一般复合材料的面内横向热膨胀系数要远远高于面内轴向热膨胀系数,而横向模量则远远小于轴向模量,因此,温度改变引起的每

层热膨胀和铺层方式关系密切。除单向层合板以外的其他方式铺层,在固化温度载荷下,不同方向铺层热膨胀不一致将使复合材料构件内部产生固化残余应力,而对于非对称铺层平板,该固化残余应力会使其产生翘曲变形。

如果要获得由固化温度载荷引起材料热变形而导致的残余应力及固化变形,必须首先确定复合材料的有效热膨胀系数,采用式(1.42)和式(1.43)来预报复合材料的有效膨胀系数和收缩应变:

$$\varepsilon_1 = \frac{\varepsilon_{1f} E_{1f} f + \varepsilon_{1m} E_{1m}(1-f)}{E_{1f} f + E_{1m}(1-f)} \tag{1.42}$$

$$
\begin{aligned}
\varepsilon_2 = \varepsilon_3 = {} & (\varepsilon_{2f} + \nu_{12f}\varepsilon_{1f})f + (\varepsilon_{2m} + \nu_{12m}\varepsilon_{1m})(1-f) \\
& - [\nu_{12f} f + \nu_{12m}(1-f)]\left[\frac{\varepsilon_{1f} E_{1f} f + \varepsilon_{1m} E_{1m}(1-f)}{E_{1f} f + E_{1m}(1-f)}\right]
\end{aligned}
\tag{1.43}
$$

对应热膨胀系数 $\alpha_1 = \varepsilon_1$,$\alpha_2 = \varepsilon_2$,对应收缩应变 $\varepsilon_1^{sh} = \varepsilon_1$,$\varepsilon_2^{sh} = \varepsilon_2$。

随着固化反应过程的进行,树脂不断发生化学收缩,固化反应结束树脂收缩也即停止。树脂化学收缩是导致工艺过程中残余应力形成与发展的重要因素之一。假设树脂均匀收缩,可以得到树脂的固化收缩应变为

$$\Delta\varepsilon^{sh} = (\sqrt[3]{1 + \Delta V_r}) - 1 \tag{1.44}$$

同时假设树脂体积收缩量、固化度增量与树脂体积收缩总量有线性关系,即

$$\Delta V_r = \Delta\alpha V_{sh}^T \tag{1.45}$$

式中 V_{sh}^T——树脂体积收缩总量。

1.5.3   数值求解

为计算有效复合材料性能参数,根据热化学模型可得到每一时间步固化度的模拟结果,并将此结果作为该时间步的体载荷输入,得到应变增量的总量为

$$\Delta\boldsymbol{\varepsilon} = \Delta\boldsymbol{\varepsilon}^e + \Delta\boldsymbol{\varepsilon}^{th} + \Delta\boldsymbol{\varepsilon}^{sh} \tag{1.46}$$

式中 $\boldsymbol{\varepsilon}^e$——机械应力所引起的应变;

$\Delta\boldsymbol{\varepsilon}^{th}$——热应变;

$\Delta\boldsymbol{\varepsilon}^{sh}$——固化收缩应变。

增量形式的应力应变关系为

$$\Delta\boldsymbol{\sigma} = \boldsymbol{C}_{eff}(\Delta\boldsymbol{\varepsilon}^e + \Delta\boldsymbol{\varepsilon}^{th} + \Delta\boldsymbol{\varepsilon}^{sh}) \tag{1.47}$$

式中,单胞有效刚度矩阵 $\boldsymbol{C}_{eff}$ 可由公式(1.41)确定。在每一时间步,利用有限元方法求解方程(1.47),可得到应变增量,将这些应变增量累加就可以得到固化过程中的总应变。

作者团队对碳纤维/双马5428单向层合板进行了固化过程的三维数值模拟,并与实验监测结果进行了比较验证。将热电偶埋入复合材料中作为温度传感器,在复合材料固化过程中实时采集热电偶的数据作为复合材料的温度历程。试件尺寸为 300 mm × 300 mm × 2 mm。对于热压罐成型的试件,碳纤维/双马5428固化工艺包括三个恒温段,150 ℃经保温 1 h 后施加 0.4 MPa 压力,继续以 2 ℃/min 升至 185 ℃,保温 2 h,压力不变,然后升至

205 ℃,保温 4 h。最后在压力不变的情况下降至室温。

双马 5428 树脂的固化动力学模型为

$$\frac{\mathrm{d}\alpha}{\mathrm{d}t} = 234\,000\exp\left(-\frac{76\,290}{RT}\right)\alpha^{-0.437} \cdot (1-\alpha)^{1.051} \tag{1.48}$$

双马 5428 树脂的固化反应总反应热 H_u 为 312 800 J/kg。表 1.3 给出了碳纤维/双马 5428 材料体系的热物理性能参数。

表 1.3　碳纤维/双马 5428 复合材料的热物理特性

物理特性	数值	物理特性	数值
密度 ρ/(kg·m^{-3})	1 614	纤维含量/%	60
比热容 c/[J·(W·℃)$^{-1}$]	1 050	沿纤维方向热膨胀系数 α_{11}(1/℃)	0.19×10^{-6}
热传导系数 k_{11}/[W·(m·℃)$^{-1}$]	0.851	垂直纤维方向热膨胀系数 α_{22}(1/℃)	40.3×10^{-6}
热传导系数 k_{22},k_{33}/[W·(m·℃)$^{-1}$]	0.426		

模拟中采用的边界条件为上下表面施加固化周期温度,而侧面为绝热条件。图 1.5 给出了在三维数值模拟情况下单向板中心处温度的时间历程,模拟结果与实验结果基本吻合。其中由于热压罐固化系统的温控延迟,罐内的实际温度与标准温度不同步,导致实验结果稍滞后于模拟结果,模拟结果中的温度峰值 190 ℃出现在第 172 分钟,而实验结果中的峰值 188.1 ℃出现在第 185 分钟。同时由于实验过程的降温阶段采用自然冷却的方式,降温速率小,与模拟中 1.5 ℃/min 的降温速率不同,从而导致了降温段模拟与实验温度曲线的偏差。

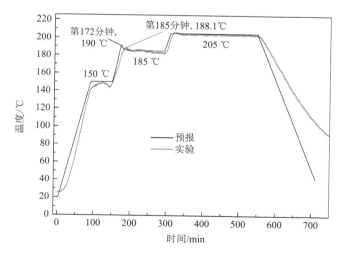

图 1.5　数值验证模拟的温度历程

固化度历程和残余应变历程如图 1.6 所示,固化度在树脂完全固化后达到极值 1,残余应变在固化完成后也基本达到最大值。

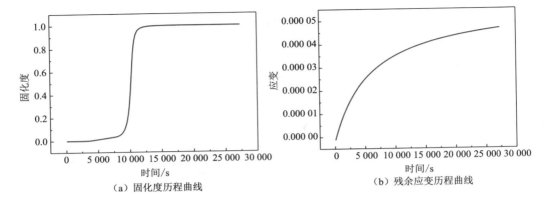

（a）固化度历程曲线　　　　　　（b）残余应变历程曲线

图 1.6　层合板的固化度和残余应变

1.6　复合材料结构设计原则

复合材料结构设计除了包含材料设计内容的特点外，就结构本身而言，无论在设计原则、工艺性要求、许用值和安全系数的确定等方面都有其自身的特点，一般不完全沿用金属结构的设计方法。

1.6.1　结构设计的一般原则

复合材料结构设计的基本原则和金属结构相同，都要满足刚度和强度的总原则。但是由于复合材料本身的特点，在具体的计算方法和设定原则上有别于金属结构。

（1）复合材料结构一般采用按使用载荷设计、按设计载荷校核的方法。使用载荷是指正常使用中可能出现的最大载荷，在该载荷作用下结构不会产生永久变形。设计载荷是指设计中用来进行强度计算的载荷，在该载荷作用下结构刚开始或接近破坏。设计载荷与使用载荷的比值为安全系数。

（2）结构强度计算用的许用值，分为使用许用值和设计许用值，它们分别对应于最大使用载荷和设计载荷。许用值的数值基准分为 A 基准值和 B 基准值两种。复合材料的使用许用值一般取 B 基准，设计许用值两种均可。对于主承力结构或者单传力结构往往采用 A 基准值，对多传力结构或破损安全结构则采用 B 基准值居多。

A 基准值是指一个性能极限值，在 95％置信度下，至少有 99％的数值群的性能值高于此值；B 基准值也是指一个性能极限值，在 95％置信度下，至少有 90％的数值群的性能值高于此值。

（3）复合材料强度准则只适用于复合材料单层。在未规定使用某一强度准则时，一般采用蔡-吴（Tsai-Wu）张量准则，且取应力空间的强度参数 $F_{12} = -\sqrt{F_{11}F_{22}}/2$。

（4）当复合材料结构的工作环境温度变化范围较大时，材料的性能参数选取必须考虑温度的影响，应按照温度区间选取，材料的弹性常数可选取温度区间的平均值，强度计算时所需的许用值也要和温度区间相对应，外载荷选取时应选工况中的最大使用载荷。

（5）复合材料结构在使用载荷作用下，不允许结构有永久变形。

（6）有刚度要求的一般部位，材料弹性常数的数值可选取对应温度区间的平均值；对于刚度有严格要求的重要部位，需要选取对应温度区间的 B 基准值。

1.6.2　工艺性要求

复合材料的结构工艺性包括构件的制造工艺性和部件的装配工艺性两个方面。复合材料结构设计时，结构方案的选取和结构细节的设计对工艺有决定性影响，在结构设计的全过程均应考虑工艺性问题。

（1）进行铺层设计时应当考虑工艺性问题。由于不同铺层角的各单层之间，在给定方向上存在刚度特性和膨胀特性的差别，当铺层不对称、装配不对称、同一铺层角的单层过多时，会引起翘曲甚至分层。

（2）对于外形复杂的结构，在外形变化上采用光滑过渡，用织物代替无纬布，以减少外形变化区的纤维分离。

（3）复合材料构件的壁厚一般应该小于 7.5 mm。

（4）结构零件的拐角应具有较大的圆角半径。

（5）在结构设计时，应尽量设计成整体结构，将可能合并的零件尽可能合并成一个构件，并采用共固化工艺。

（6）根据复合材料的尺寸、要求、设备情况等制定工艺实施方案。

1.6.3　许用值的确定

许用值是判断结构强度的标准，也是保证工程结构安全可靠并且结构重量较轻的重要设计数据。许用值对于飞机结构来说，基本上贯穿整个设计、制造、适航等过程，如图 1.7 所示，可见许用值的重要性。

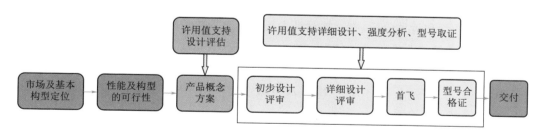

图 1.7　复合材料许用值与飞机型号研制的关系

在复合材料结构设计中，层合板的许用值适用于整个层合板系列，即可能的铺层角、定向层层数比和铺层顺序的任意组合。因此，层合板的许用值采用应变值更能体现结构的完整性。

许用值的确定通常采用对试验数据进行统计分析得出，但必须进行多批次材料的性能测试以满足统计分析的要求。图 1.8 所示是许用值确定的分析路线。首先，为保证材料的可靠性，必须建立相应的材料标准和工艺规范，同时需要供应方提供可靠的质量保证和质量控制程序,方便材料接收时进行检查和考核。满足上述要求后,才能确定许用值,并在所得到的许用值数据库基础上建立设计值。

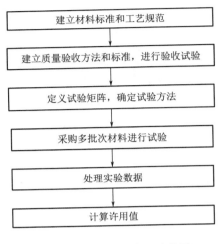

图 1.8　确定许用值的路线图

许用值包括两部分,即材料许用值(即单层级材料许用值)和设计许用值(即与结构设计有关的许用值),它们是确定结构不同部位设计值的基础。

用于确定材料许用值的试验主要是试件级的试验。应当考虑复合材料结构的铺层设计和厚度、环境影响、缺口效应以及机械紧固连接的挤压破坏等,分别确定相应的试件数,形成合理的试验矩阵。当确定设计许用值时,对于拉伸受载情况,设计许用值基于含半径6.35 mm圆孔的试件试验结果(填充孔和未填充孔中,取较小者);对于压缩受载情况,设计许用值基于含缺口或冲击损伤试件的试验结果(应取较小者)。一般情况下,以含冲击损伤的压缩试验结果为基础给出设计许用值。

确定复合材料结构设计许用值时,涉及复合材料结构的静强度、疲劳强度、损伤容限等方面。首先,需要确定相应的静强度设计许用值、疲劳强度设计许用值、损伤容限设计许用值;然后,再对这些设计许用值进行综合分析,给出结构的设计许用值。确定设计许用值,需要结合设计经验,并需要经过试验验证。用于复合材料结构设计的设计许用值,应获得合格审定机构的批准。

许用值除了用于设计和分析以外,还可用于表征材料体系,可以作为材料验收和材料等同性评定的基础。也可将获取许用值时得到的实验数据用于建立材料标准库。

1.6.4　安全系数的确定

根据生产经验和设计分析,在结构设计中提出安全系数的概念,用它乘以使用载荷可得出设计载荷,作为结构强度设计的依据。复合材料的安全系数按照经验一般可取 $1.5\sim 2.0$,也可以按照影响因素系数的乘积进行计算。

$$K = K_0 \cdot K_1 \cdot K_2 \cdot \cdots \cdot K_n \tag{1.49}$$

式中　K_0——基本安全系数;

　　　K_i——代表各种影响因素的系数,$i=1,2,\cdots,n$。

当以材料的破坏强度为强度极限时,$K_0=1.3$;以结构的刚度为准则时,$K_0=1.2$。

下面针对各种主要影响因素分别进行说明。

(1)材料特性值的可靠性系数 K_1

代表材料强度极限的破坏强度、弹性模量等参数需要进行试验测定。试验试件应当尽可能与成品在相同的环境和载荷条件下成型,此时 $K_1=1.0$。若没有试验数据时,可取用下述参考值。

①做常温静态试验,参照现有数据,以推算疲劳、蠕变和在各种环境下破坏强度的下降

率时，$K_1 = 1.1$。

②不进行测试，参照现有数据，推算使用环境下的材料特性时，$K_1 = 1.2$。

（2）用途及重要性系数 K_2

用途及重要性系数，按结构破坏导致的影响大小，可取下列数值：

①可能伤害很多人的情况，$K_2 = 1.2$；

②可能伤害多人的情况，$K_2 = 1.1$；

③公共场所和社会影响大的情况，$K_2 = 1.1$；

④一般情况，$K_2 = 1.0$；

⑤临时设置，$K_2 = 0.9$。

上述前两项，应至少进行静态测试。

（3）载荷计算偏差系数 K_3

载荷计算不够精确的情况经常存在，通常偏差的取值可与用户协商，一般 $K_3 > 1.0$。

（4）结构计算的精确度系数 K_4

进行结构计算时，所采用的理论方法往往需对结构进行简化，因此理论与实际情况存在误差，需要加以修正。

若采用精确理论或者有限元计算时，并经过结构试验验证的，可取 $K_4 = 1.0$。

若采用简化模型或者采用结构力学、材料力学中的简化公式，如果没有考虑材料的各向异性时，$K_4 = 1.15 \sim 1.30$；若考虑了材料的各向异性时，取值可小一些。

（5）冲击载荷系数 K_5

冲击载荷对复合材料的性能影响比较大，冲击会产生层间剥离等损伤，尤其是低速冲击会产生不可见的分层损伤。因此，一般取 $K_5 = 1.2$。但是，要考虑实际结构在冲击载荷下的损伤程度来确定 K_5。

（6）材料特性分散系数 K_6

复合材料的性能受很多因素影响，因此存在较大的分散性。根据是否进行材料特性测试，有两种方法确定 K_6。

①在与实际结构条件相同的情况下，制作足够多（大于 10 个）的试样进行材料性能测试，测定某个特性值。用 $\overline{X}$ 表示平均值，用 σ 表示标准差，则分散系数可以表示为

$$K_6 = \frac{1}{1 - K_p - \dfrac{\sigma}{\overline{X}}} \tag{1.50}$$

式中　　$\sigma/\overline{X}$——离散系数；

K_p——置信系数，取值见表 1.4；p 为置信度，当 $p = 0.001$ 时，$K_p = 3.09$。

表 1.4　p 和 K_p 的关系

系数	值					
p	0.10	0.05	0.01	0.005	0.001	0.000 5
K_p	1.28	1.64	2.38	2.57	3.09	3.29

②没有做上述测试,也无法确定分散特性时,材料特性的分散系数应主要考虑成型工艺方法、操作人员经验和成型环境等因素的综合影响,取值范围通常为 $K_6 = 1.2 \sim 1.5$ 。

参考文献

[1] 王春艳.复合材料导论[M].北京:北京大学出版社,2018.

[2] 魏化震,李恒春,张玉龙.复合材料技术[M].北京:化学工业出版社,2017.

[3] 邢丽英,包建文,礼嵩明,等.先进树脂基复合材料发展现状和面临的挑战[J].复合材料学报,2016,33(7):1327-1338.

[4] 刘伟庆,方海,方园.纤维增强复合材料及其结构研究进展[J].建筑结构学报,2019,40(4):1-16.

[5] 包建文,蒋诗才,张代军.航空碳纤维树脂基复合材料的发展现状和趋势[J].科技导报,2018,36(19):52-63.

[6] 杨萍.建筑用纤维增强复合材料的老化性能[J].玻璃钢,2017(2):32-37.

[7] 陈春,钱春香.纤维增强树脂基复合材料包覆高强混凝土的轴心抗压性能研究[J].工业建筑,2001,31(4):23-25,42.

[8] 陈伟,白燕,朱家强,等.碳纤维复合材料在体育器材上的应用[J].产业用纺织品,2011,29(8):35-37,43.

[9] 刘昌.复合材料变刚度铺层优化设计方法研究[D].太原:中北大学,2016.

[10] 姚颖.复合材料层合板的优化设计方法研究[D].西安:西北工业大学,2001.

[11] 张成雷.复合材料层合结构设计方法与挖补强度研究[D].广汉:中国民用航空飞行学院,2014.

[12] 江彬彬.复合材料厚层合板等效及优化方法研究[D].南京:南京航空航天大学,2017.

[13] 吴凯.复合材料层合板结构分析与优化设计[D].大连:大连理工大学,2019.

[14] 郭琰,黄斌,钱征华.基于遗传算法的开孔复合材料层合板铺层优化[J].玻璃钢/复合材料,2018(12):5-10.

[15] 马森,赵启林.基于差分进化算法的复合材料层合板优化设计[J].玻璃钢/复合材料,2018(10):70-75.

[16] 帅培,刘斌.层合板的一种等强度优化设计方法[J].应用力学学报,2018,35(1):129-133,232.

[17] 岳广全.整体化复合材料壁板结构固化变形模拟及控制方法研究[D].哈尔滨:哈尔滨工业大学,2010.

[18] 张汝光.复合材料结构设计的基本观念[J].玻璃钢,1997(2):26-31.

[19] 沈真.复合材料飞机结构设计许用值及其确定原则[J].航空学报,1998,19(4):385-392.

[20] 颜芳芳.复合材料性能的分散性与安全系数[D].南京:南京航空航天大学,2009.

[21] 李根,吴锦武.铺设角度与铺层顺序对层合板稳定性的影响[J].声学技术,2017,36(4):371-377.

[22] 刘博.复合材料层合板结构屈曲分析及铺层顺序优化[D].大连:大连理工大学,2018.

[23] 刘衰财,刘湘云.民机复合材料结构设计许用值及其确定方法[J].南京航空航天大学学报,2018,50(1):81-85.

[24] 王耀先.复合材料结构设计[M].北京:化学工业出版社,2001.

第2章 复合材料加筋壁板设计

2.1 概　　述

在结构设计中,壁板加筋是一种提高层合板结构效能的重要方式。传统的航空航天壁板结构由金属蒙皮及纵横加强件构成,随着碳纤维、玻璃纤维等材料制造技术的发展,复合材料加筋壁板成为大型飞行器结构、军用飞机的重要组成部分。

复合材料加筋壁板的种类很多,按壁板的外形分类,可分为无曲率加筋壁板、单曲率加筋壁板、多曲率加筋壁板等;按筋条的形式分类,可分为单向加筋壁板、格栅加强壁板等;按筋条的形状分类,可分为工字形加筋壁板、T形加筋壁板等。

复合材料加筋壁板的优点体现在以下几方面:

(1)可设计性强:筋条的可设计性强,无论是结构形式、外形,还是材料铺层均可设计;

(2)可降低结构质量:同金属材料相比,其密度小、比强度高、比模量大,没有铆钉等连接件,依靠树脂本身或胶黏剂进行连接;

(3)力学性能好:筋条和蒙皮的匹配使结构具有良好的稳定性,不容易失稳;两者采用共固化或胶接,整体性能优良;

(4)实施方便:减少了壁板和筋条间的连接工作,通过热压罐即可完成蒙皮和筋条的结合;

(5)经济性能优良:加筋壁板可充分发挥结构件材料的性能,使用效率显著提高,因此在经济上表现优良。

加筋壁板结构在飞行器上的应用非常广泛,并且尺寸越来越大。大型机身复合材料加筋壁板如图 2.1 所示,其制造工艺是:先制造长桁,再将长桁与未固化的蒙皮进行共胶接。选择这样的工艺方案可以减少复杂的模具,预先制造的长桁也可提前进行无损检测,胶接成型后再检验蒙皮和连接处的质量。

B-2 隐身轰炸机有两块大的复合材料加筋壁板结构,尺寸为 19.8 m×3.66 m,上面共固化有前后梁和多个翼肋,制造中采用了自动铺带(ATL)技术。

空客 A350XWB 机翼壁板采用"T"形加筋形式(见图 2.2),制造方式为长桁先固化,再和蒙皮胶接共固化,以保证长桁的质量和加工精度。

热塑性复合材料(TPC)在民用飞机应用上有巨大的潜力,荷兰福克航空结构公司制备了加筋壁板的验证件:TPC 加筋翼面壁板和 TPC 带筋机身壁板,T 形筋条的 TPC 翼面壁板比碳纤维/环氧材料壁板减少了 15%～30% 的成本。机身壁板验证件由碳纤维/聚醚醚酮

(PEEK)材料制造,在阴模中进行铺放,先铺垂直筋条,再自动铺放蒙皮,随后蒙皮和筋条共固化。验证件照片如图 2.3 所示。

图 2.1　大型机身复合材料加筋壁板

图 2.2　空客 A350XWB 机翼壁板

图 2.3　热塑性复合材料加筋壁板

　　复合材料加筋壁板由蒙皮和筋条两大部分组成,主要承受面内拉力、压力、剪切力及面外压力,设计过程中涉及参数多、约束形式多,结构分析复杂。采用有限元等数值模拟方式并结合优化算法,通过裁剪铺层方式及整体化设计手段,可使强度、刚度等性能实现多重优化,大幅减少零件数量,减轻装配量及结构重量。通常复合材料加筋壁板结构制造工艺复杂,其设计与分析、结构失效载荷的预报和结构优化是大家关注的热点和难点,对于不同种类的典型壁板结构需进行相应的设计、分析、工艺和验证研究。

　　复合材料加筋壁板结构受力为面内压力与剪切力,破坏形式多为失稳。实际经验表明,结构首先会发生局部屈曲,随后载荷增大,应力重新分配导致结构破坏。加筋壁板结构尺寸、筋条同蒙皮联合的抗弯刚度是结构稳定的重要因素,也是结构设计的前提条件。

欧航工业为了实现短期降低 20%、长期降低 50% 成本的目标,针对加筋壁板的失稳问题,制定了 POSICOSS(机身碳纤维复合材料结构设计的改进后屈曲模拟)和 COCOMAT(机身复合材料结构安全设计的破坏模拟)计划。这两个计划通过精确可靠的后屈曲和破坏模拟,挖掘了碳纤维增强复合材料机身结构的安全储备。POSICOSS 计划开发了碳纤维复合材料加筋壁板快速后屈曲分析方法,获得了大量的实验数据,制定了设计指南。COCO-MAT 计划在 POSICOSS 结果的基础上对加筋壁板进行了破坏模拟,建立了退化模型,扩展了实验数据库,改进了检验方法,开发了专用设计工具。COCOMAT 计划确定了多大程度的后屈曲不会导致严重的结构损伤,明确了碳纤维增强复合材料加筋壁板可以承受反复屈曲而不影响本身性能,建立了快速准确的后屈曲模拟预测方法。

图 2.4(a)是典型的加筋壁板载荷曲线,分为三个区域:①允许区,对应的点有初始屈曲载荷(一阶屈曲载荷)和限制载荷;②安全区,对应着极限载荷;③禁止区,对应着初始破坏载荷和完全破坏载荷。极限载荷是限制载荷的 1.5 倍。从这个图中可以看到,极限载荷和破坏载荷之间有很大的区域,相当于结构还没有完全发挥效能,所以提出图 2.4(b)的方案,使极限载荷尽量接近完全破坏载荷(压溃),且使初始破坏载荷在安全区。但必须满足一些条件:首先,在任何情况下,初始破坏载荷不能低于极限载荷;其次,在考虑静力、低周载荷以及几何非线性下的破坏模拟应精确而可靠。

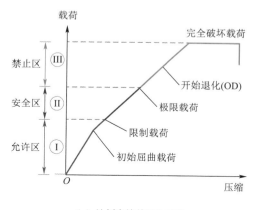

(a) 计划实施前设计方案

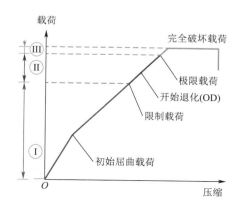

(b) 计划实施后设计方案

图 2.4 通过提升极限载荷减重示意图

加筋壁板的初始屈曲发生在筋条之间外部蒙皮的一个局部区域,而不是在一个整体模式下,即一个列宽范围内。加筋壁板能够承受超出其初始屈曲载荷的负荷,若航空航天结构的设计基于初始屈曲、应力或应变和刚度约束的设计方法,显然没有充分发挥结构的性能。若要减少结构质量、降低制造成本,需挖掘加筋壁板后屈曲的潜力,考虑产生屈曲后蒙皮的响应特性,即承载能力比其初始屈曲载荷更高。对于结构设计和分析来说,这是一项艰巨但非常有成效的工作。

2.2 复合材料加筋壁板设计准则

复合材料加筋壁板是飞机结构的主要基本构件,其设计原则、设计方法都很成熟。复合材料加筋壁板设计一般准则为:

(1)应变要求:应变值不得超过许用设计载荷应变值;

(2)稳定性要求:在使用载荷及设计载荷下不发生失稳(屈曲);

(3)成型要求:筋条同蒙皮间的刚度和泊松比应相匹配,固化后的残余应力和应变力求最小,变形翘曲在装配公差范围内。

复合材料加筋壁板设计要点为:

(1)蒙皮与筋条承载比例分配合理;

(2)蒙皮与筋条刚度、泊松比匹配;

(3)筋条剖面形状选择合适,剖面弯曲刚度足够;

(4)筋条间距合理,满足稳定性要求;

(5)制造工艺合理可行,满足变形装配要求。

复合材料加筋壁板强度准则:

(1)按需设计:按使用载荷、设计载荷设计复合材料铺层结构。

(2)强度计算许用值:分为使用和设计许用值,对应最大使用载荷和设计载荷。

(3)安全系数:按照使用规范计算结构强度。

(4)失效判据:采用 Tsai - Wu 准则。

复合材料加筋壁板刚度准则:

(1)在使用载荷下,结构不可发生永久变形及损伤。

(2)考虑复合材料各向异性与材料特性,实现轻质化。

(3)计算刚度时需要考虑不同部位所处的温度环境,重点部位的弹性常数取对应温度范围的最高值,一般部位则取平均值。

2.3 复合材料加筋壁板的蒙皮设计

复合材料加筋壁板一般应用于飞机的纵向结构件,机身的筋条沿飞机航向设置,机翼的筋条沿翼展方向设置。加筋壁板的蒙皮受力主要为面内正应力与剪切力,并参与整体受力,筋条主要受弯曲应力和剪应力。

2.3.1 加筋壁板的蒙皮设计要点

随着复合材料的发展及其在飞机结构中的广泛应用,加筋壁板的蒙皮设计方法逐渐完善,常用的有:等代设计(等刚度设计)、准网格设计(应力比设计)、刚度设计(毯式曲线设计、排序法设计)、强度设计、气动弹性剪裁设计以及多约束优化设计等。

蒙皮设计需满足以下几点：

（1）蒙皮总体设计：需满足气动总体、刚度、稳定性要求。若蒙皮为变厚度设计，还需设置过渡区，以适应变厚，降低应力集中。

（2）蒙皮厚度设计：最小厚度为 0.6～0.8 mm，便于操作；最大厚度满足固化质量要求，工艺难度随厚度增大而增大。预固化每 6～8 mm 一次，多次固化可以降低缺陷保证质量。

（3）蒙皮铺层设计：采用 0°、±45°、90°铺层方式，±45°铺层可将载荷均匀化，使结构具有良好的抗冲击能力，0°铺层可承担纵向载荷。

2.3.2　加筋壁板的蒙皮结构设计

蒙皮设计首先应考虑载荷大小来确定其厚度，并遵循以下原则。

（1）应变原则：设计载荷下，结构应变小于规定许用值。对于单向应力状态，拉伸、压缩、剪切应变应满足下式：

$$\varepsilon_t \leqslant [\varepsilon_t]$$
$$\varepsilon_c \leqslant [\varepsilon_c] \tag{2.1a}$$
$$\varepsilon_{xy} \leqslant [\varepsilon_{xy}]$$

对于复合应力状态，压缩、剪切应变应满足下式：

$$\left(\frac{\varepsilon_c}{[\varepsilon_c]}\right)^p + \left(\frac{\varepsilon_{xy}}{[\varepsilon_{xy}]}\right)^q \leqslant 1 \tag{2.1b}$$

式中，$p=1$，$q=2$，空客飞机 A320 采用 $p=2$，$q=2$。

（2）稳定性原则：针对不同部件，屈曲要求不同。较厚蒙皮（大于 3 mm）在设计载荷下不可屈曲；中等厚度蒙皮（$1 \text{ mm} \leqslant t \leqslant 3 \text{ mm}$）在设计载荷下可屈曲，但在使用载荷下则不可屈曲；较薄蒙皮（小于 1 mm）在使用载荷下可屈曲，但需通过实验确定。

（3）设计许用值原则：根据设计要求、材料性能数据及设计经验确定。设计许用原则可评判设计方案的可行性，同时确定结构尺寸及铺层顺序。国内外设计许用值一般采用下式：

$$\varepsilon_c \leqslant 4\,000 \text{ με（压缩）}$$
$$\varepsilon_t \leqslant 5\,500 \text{ με（拉伸）} \tag{2.2}$$
$$\gamma \leqslant 7\,600 \text{ με（剪切）}$$

（4）变厚度原则：如果蒙皮为变厚度层合板，板厚随内力而改变。在厚度和刚度变化部位，为避免厚度发生突变造成应力集中，应设计铺层递减或递增进行过渡。

在厚度变化过渡段，常用斜坡式过渡设计，铺层递减 2 层/次，长度不小于 10 倍递减高度（不小于 2.5 mm）；斜度变化不超过 10°，表面铺层满足光滑连续，如图 2.5 所示。

如果采用台阶式厚度变化过渡段，宜设计阶梯宽度 l 与阶高 Δh 之比（图 2.6）满足下式的要求：

$$\frac{l}{\Delta h} \geqslant 10 \quad (\Delta h \leqslant 0.7 \text{ mm}) \tag{2.3}$$

蒙皮的几何尺寸包括长度、宽度、曲率、厚度等，这些参数一般需要满足结构要求，并受生产设备的限制。

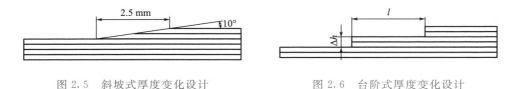

图 2.5 斜坡式厚度变化设计　　　　图 2.6 台阶式厚度变化设计

2.4 复合材料加筋壁板的筋条设计

复合材料加筋壁板的稳定性与加筋形式、筋条数目、筋条间距(筋条等间距分布时,该参数包含于筋条数目中)、筋条尺寸、筋条和蒙皮的铺层情况等有关,设计变量较多。综合考虑筋条承载能力、制造、装配工艺性和成本等问题,筋条可设计为不同的截面形式,针对不同的条件制定合理的工艺方法。

复合材料加筋壁板的筋条承受轴向压力,可起到稳定蒙皮的作用。对翼面壁板而言,筋条布置常采用两种方式:一是等百分线布置[见图 2.7(a)],可使筋条不发生扭转,外形简单,铺贴方便,工时较少;二是平行布置[见图 2.7(b)],筋条与结构某一轴线平行,保持筋条直线在同一方向上。

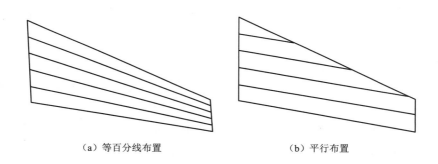

（a）等百分线布置　　　　　　　　（b）平行布置

图 2.7 筋条布置形式

2.4.1 筋条设计原则

筋条的设计原则与蒙皮相类似,可考虑以下几点:
(1)蒙皮与筋条承载比例适当;
(2)筋条剖面形状选择合理,剖面弯曲刚度满足稳定性要求;
(3)蒙皮与筋条的刚度和泊松比相互匹配;
(4)筋条间距合理,满足稳定性要求;
(5)筋条制造工艺合理,与蒙皮连接工艺可行,连接质量可靠。

2.4.2 筋条剖面选择

常用飞机筋条横截面分为开剖面和闭剖面,其中开剖面包括 L 形、T 形、J 形、I 形、C 形和 Z 形;闭剖面包括帽形、泡形等。通常而言,闭剖面筋条相较于开剖面筋条具有更好的扭转刚度和弯曲稳定性,而开剖面筋条则具有更好的工艺性,可根据设计条件进行合理的选择。对于不同的筋条截面形式,在力学性能和成型工艺上差别很大,对比见表 2.1,供剖面选择时参考。

表 2.1 筋条截面形式对比表

名 称	截面形式	力学特点	工艺特点
工字形		筋条抗弯曲效率高,双缘条提高了稳定性	制造工艺较复杂,与框、肋配合困难
T 形		筋条抗弯曲效率中等,抗扭转稳定性较差	制造简单,工艺性较好,与框、肋的配合较容易
改进 T 形		筋条抗弯曲效率有所提高,扭转稳定性较好	制造工艺较复杂,与框、肋的配合较容易
L 形		筋条抗弯曲效率低,抗扭转稳定性差	成型工艺性好,与框、肋的配合简单
J 形		筋条抗弯曲效率良好,抗扭转稳定性较差	制造工艺较复杂,与框、肋的配合简单
Z 形		筋条抗弯曲效率较好,抗扭转稳定性较差	制造工艺性较好,与框、肋的配合较困难

名　称	截面形式	力学特点	工艺特点
C形		筋条抗弯曲效率良好,抗扭转稳定性差	成型工艺性较好,与框、肋的配合较困难
帽形		筋条抗弯曲效率良好,扭转稳定性好	制造工艺较复杂,内腔脱模困难
格栅		格栅加筋抗弯曲、抗扭转效率高,稳定性好	制造工艺较复杂,连接和拼接困难

2.4.3　筋条连接设计

筋条与蒙皮联结处需满足刚度相互配合的要求,在厚度和泊松比上也有要求,二者厚度与各部分泊松比如图 2.8 所示。

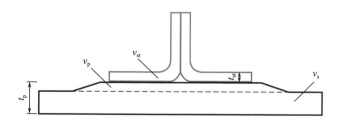

图 2.8　筋条与蒙皮联结处厚度和泊松比

为使筋条与蒙皮不出现分层现象,筋条凸缘厚度 t_{st} 与蒙皮联结处厚度 t_p 需满足下式要求:

$$0.2t_p \leqslant t_{st} \leqslant 0.8t_p \tag{2.4}$$

同时,二者泊松比需满足:

$$\begin{cases} \nu_s = \nu_p \pm 0.1 \\ \nu_p = \nu_{st} \pm 0.1 \end{cases} \tag{2.5}$$

式中　ν_s——蒙皮泊松比;

ν_p——联结处材料泊松比;

ν_{st}——筋条凸缘泊松比。

结构设计中通常增加 90°层进行泊松比调整。

另外,筋条端头处可添加止裂件或采用加长缘条端头过渡段,以此来避免刚度突变造成的结构破坏。

2.4.4　筋条可制造性设计

筋条的制造可采用液体成型或热压成型。对于液体成型,先通过缝纫方式制备预成型件,然后采用 RTM、VARI 等工艺注入树脂。这种成型方式制备的筋条层间性能好,不易分层,但树脂含量较高。对于热压成型,通过在模具中铺贴预浸料来制备预成型件,然后将模具放入热压罐或热压机上进行加热加压来实现材料的固化。随着自动化设备的成熟,自动铺带技术解决了人工铺贴效率低下的问题。

除格栅形式外,筋条的预制还可以先缠绕制管,再压制成型,但纵向承载要求较高时不宜采用此方法。缠绕制管压制成型具体实施流程如图 2.9 所示。先将预浸料缠绕在芯模上,然后取出芯模对缠绕的管进行压制,注意需要留好两端缘条的尺寸,腹板压制好后,再压制两端缘条完成筋条预制体的制备。

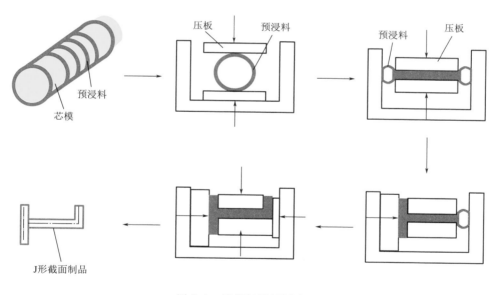

图 2.9　缠绕制管压制成型

2.4.5　筋条几何尺寸设计

筋条截面形式确定后,需要对其几何尺寸进行设计。在此需考虑各部分的厚度、筋条宽度和高度,以此确定横截面面积和惯性矩,这些参数控制筋条的力学性能。

以工字形截面为例,如图 2.10 所示,为确定截面几何尺寸,需要设计 b、h、t_1、t_2 四个参数。

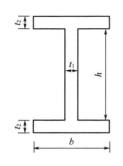

图 2.10　工字形筋条

由 b、h、t_1、t_2 四个参数确定的截面面积和惯性矩为

$$A = 2bt_2 + ht_1 \tag{2.6}$$

$$I = \frac{1}{12}\left[b(h+2t_2)^3 - (b-t_1)h^3\right] \tag{2.7}$$

对于工字形筋条,还需满足下式:

$$t_2 > \frac{t_1}{2} \tag{2.8}$$

每设定一组参数就可以验算是否满足力学性能要求,可能需要迭代几次才能获得比较好的效果,既满足力学要求,质量又最轻。

2.5　复合材料加筋壁板屈曲分析

复合材料加筋壁板由于其高强度、轻质而广泛的应用于航空航天、汽车等领域。复合材料加筋壁板在承受轴向压缩载荷时,在初始屈曲和极限载荷间有很大一段范围被称为后屈曲区间,这个后屈曲区间可以承受相当大的载荷,是航空航天结构轻质化可挖掘的部分。如何确定复合材料加筋壁板的屈曲极限载荷及后屈曲承载能力,一直是设计领域待解决的难题。求解这个问题需要理论分析正确,模型建立合理,并且与实验验证相一致,多方面共同协作。

加筋壁板后屈曲应力应变关系非常复杂,并且是非线性的。复杂的非线性后屈曲极限载荷分析将耗费大量的计算资源和人力成本。由 Karman 提出的等效宽度法和由 Sechler 改进的等效宽度法在计算极限载荷时可以减少相对计算量。

2.5.1　加筋壁板压缩极限载荷

基于等效宽度法的解析表达式,采用 MATLAB 程序计算复合材料加筋壁板的后屈曲承载能力,建立一种加筋壁板的快速计算方法,为加筋复合材料壁板的工程设计提供一种便捷、快速的方法,不需要建立有限元模型,即可确定加筋壁板的几何参数,缩短加筋壁板设计的时间。

图 2.11 为一个典型加筋曲板的截面图,其中有 5 个工字形筋条均匀分布在蒙皮上。蒙皮长度为 l,半径为 R,弧长为 w,筋条数目为 n,则筋条间距为 w/n。

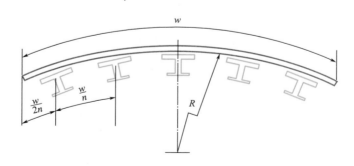

图 2.11　加筋曲板截面

等效宽度法是将加筋壁板等效为单根筋条截面结构的简化方法,等效截面由实际的单根筋条截面和等效的蒙皮宽度 w_e 构成。依据等效宽度法的原理,计算加筋壁板的极限载荷可以等效为:计算单根筋条加等效蒙皮宽度的极限载荷,这一等效方法简化了极限载荷的求解过程,等效截面将参与计算后屈曲极限载荷的全过程。

将图 2.11 的加筋曲板等效为图 2.12 的形式,在图中标注了等效截面的尺寸参数,后续求解过程中将用到。

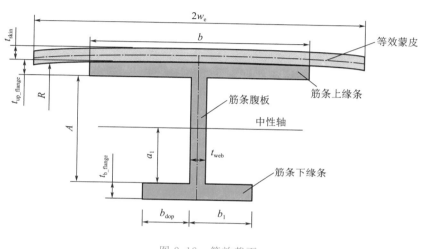

图 2.12 等效截面

对于等效宽度法,其极限载荷按下式计算:

$$P_{UL} = nP_{cr} + 2w_e\sigma_{co}t_{skin} + (n-1)(b-2w_e)\sigma_{cr_c}t_{skin} \tag{2.9}$$

式中 P_{cr}——等效截面临界载荷;

$\quad w_e$——蒙皮面板等效宽度;

$\quad \sigma_{co}$——等效截面的平均临界应力;

$\quad t_{skin}$——蒙皮面板厚度;

$\quad b$——筋条上缘条宽度;

$\quad \sigma_{cr_c}$——蒙皮圆筒临界屈曲应力。

公式(2.9)考虑了等效加筋壁板的横截面(图 2.13)弯曲和扭转。O 为固定在 x 轴上的点,当筋条上作用轴向压力时,筋条会发生弯曲和扭转。假设筋条绕 O 点弯曲,可得出任意微元 b 在 z 方向的位移。再假设筋条绕 O 点扭转,又可得到微元 b 在 x 方向的位移。通过建立截面上的力矩平衡和整体的力矩平衡,可得到筋条的位移函数。将位移函数带入力平衡方程中可得出 2 个压力 P_1 和 P_2。再考虑扭转可能造成的边缘失稳,可得到压力 P_3。

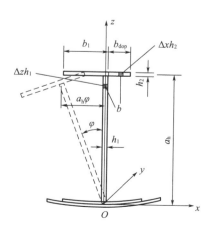

图 2.13 转动加筋板图

等效截面临界载荷 P_{cr} 为：

$$P_{cr} = \min\{P_1, P_2, P_3\} \tag{2.10}$$

P_1、P_2 的值可由下式求得：

$$x_0 S_x P^2 + (P - P_\varphi) I_0 (P - P_b) = 0 \tag{2.11}$$

式中，S_x 为筋条截面截面静矩；I_0 为筋条截面极惯性矩；x_0 为筋条截面剪力中心的 x 轴坐标，在此中心只有弯矩，而扭矩为零。

x_0 的计算公式为

$$x_0 = a_h \frac{a_{11} A_{11}^{\text{b\_flange}}}{2EI} \left[\left(b_1 - \frac{t_{\text{web}}}{2} \right)^2 - \left(b_1 + \frac{t_{\text{web}}}{2} \right)^2 \right] \tag{2.12}$$

式中，a_h 和 a_{11} 的计算公式为

$$a_h = A + \frac{t_{\text{b\_flange}}}{2} + \frac{t_{\text{up\_flange}} + t_{\text{skin}}}{2} \tag{2.13}$$

$$a_{11} = a_1 + \frac{t_{\text{b\_flange}}}{2} \tag{2.14}$$

其中，A 为筋条腹板的高度。a_1 的计算公式为

$$
\begin{aligned}
a_1 &= \frac{A_{11}^{\text{web}} A^2}{2} - (b_{\text{dop}} + b_1) \left[B_{1\bar{1}}^{\text{b\_flange}} + \frac{A_{1\bar{1}}^{\text{b\_flange}} t_{\text{b\_flange}}}{2} \right] + \\
&\quad b \left[B_{11}^{\text{up\_flange}} + \frac{A_{11}^{\text{up\_flange}} (2A + t_{\text{up\_flange}})}{2} \right] + \\
&\quad \frac{2w_e \left[B_{11}^{\text{skin}} + A_{11}^{\text{skin}} \left(A + t_{\text{up\_flange}} + \frac{t_{\text{skin}}}{2} \right) \right]}{(A_{11}^{\text{web}} A + (b_{\text{dop}} + b_1) A_{1\bar{1}}^{\text{b\_flange}} + b A_{11}^{\text{up\_flange}} + 2w_e A_{11}^{\text{skin}})}
\end{aligned}
\tag{2.15}
$$

式(2.12)中，EI 为筋条抗弯刚度，计算公式为

$$
\begin{aligned}
EI &= \frac{A_{11}^{\text{web}}}{3} \left[a_1^3 + (A - a_1)^3 \right] + b(D_{11}^{\text{up\_flange}} + 2a_2 B_{11}^{\text{up\_flange}} + a_2^2 A_{11}^{\text{up\_flange}}) + \\
&\quad 2w_e (D_{11}^{\text{skin}} + 2a_3 B_{11}^{\text{skin}} + a_3^2 A_{11}^{\text{skin}}) + \\
&\quad (b_{\text{dop}} + b_1)(D_{1\bar{1}}^{\text{b\_flange}} + 2a_4 B_{1\bar{1}}^{\text{b\_flange}} + a_4^2 A_{1\bar{1}}^{\text{b\_flange}})
\end{aligned}
\tag{2.16}
$$

其中，A_{11} 为面内刚度系数，D_{11} 为弯曲刚度系数，B_{11} 为拉弯耦合刚度系数。a_2、a_3、a_4 的计算公式如下：

$$a_2 = A - a_1 + \frac{t_{\text{up\_flange}}}{2} \tag{2.17}$$

$$a_3 = A - a_1 + t_{\text{up\_flange}} + \frac{t_{\text{skin}}}{2} \tag{2.18}$$

$$a_4 = a_1 + \frac{t_{\text{b\_flange}}}{2} \tag{2.19}$$

P_φ 和 P_b 由下式计算得出：

$$
\begin{cases}
P_\varphi = \left[\left(\dfrac{2\pi}{l} \right)^2 A_{11}^{\text{b\_flange}} C_w + GI \right] \dfrac{KA}{I_0} \\[4mm]
P_b = \left(\dfrac{2\pi}{l} \right)^2 EI
\end{cases}
\tag{2.20}
$$

式中　l——加筋壁板的长度；

　　　GI——筋条抗扭刚度，可由下式求出：

$$GI = \frac{1}{3}\sum_{i}^{n} A_{66}^{i} m_i h_i^2 = \frac{1}{3}A_{66}^{\text{web}} \cdot A \cdot t_{\text{web}}^2 + \frac{1}{3}A_{6\bar{6}}^{\text{b\_flange}}(b_1 + b_{\text{dop}})t_{\text{b\_flange}}^2 \tag{2.21}$$

其中，C_{w}、K 的计算公式为

$$C_{\text{w}} = \frac{1}{3}a_{\text{h}}^2\left[\left(b_{\text{dop}} + \frac{t_{\text{web}}}{2}\right)^3 + \left(b_1 - \frac{t_{\text{web}}}{2}\right)^3\right] \tag{2.22}$$

$$K = \frac{A_{1\bar{1}}^{\text{b\_flange}}(b_1 + b_{\text{dop}}) + A_{11}^{\text{web}}A + bA_{11}^{\text{up\_flange}} + 2w_{\text{e}}A_{11}^{\text{skin}}}{A_{1\bar{1}}^{\text{b\_flange}}(b_1 + b_{\text{dop}}) + A_{11}^{\text{web}}A} \tag{2.23}$$

P_3 的值可由下式求得

$$P_3 = \frac{GI_1 \cdot K_1 \cdot A_1}{I_{0_1}} \tag{2.24}$$

式中　GI_1——缘条部分的抗扭刚度，可由下式计算得出

$$GI_1 = \frac{1}{3}A_{66}^{\text{b\_flange}}\left(b_1 - \frac{t_{\text{web}}}{2}\right)t_{\text{b\_flange}}^2 \tag{2.25}$$

I_{0_1}——缘条部分极惯性矩，可由下式计算得出

$$I_{0_1} = \frac{1}{3}t_{\text{b\_flange}}\left(b_1 - \frac{t_{\text{web}}}{2}\right)^3 \tag{2.26}$$

A_1——缘条部分的面积，可由下式计算得出

$$A_1 = t_{\text{b\_flange}} \times \left(b_1 - \frac{t_{\text{web}}}{2}\right) \tag{2.27}$$

K_1 可由下式计算得出

$$K_1 = \frac{A_{1\bar{1}}^{\text{b\_flange}}(b_1 + b_{\text{dop}}) + A_{11}^{\text{web}}A + bA_{11}^{\text{up\_flange}} + 2w_{\text{e}}A_{11}^{\text{skin}}}{A_{1\bar{1}}^{\text{b\_flange}}\left(b_1 - \frac{t_{\text{web}}}{2}\right)} \tag{2.28}$$

蒙皮圆筒临界屈曲应力 $\sigma_{\text{cr}_{\text{c}}}$ 可由以下经验公式求得

$$\sigma_{\text{cr}_{\text{c}}} = \frac{D_{11}^{\text{skin}} \times (1 - \nu_{12}^2) \times 12}{t_{\text{skin}}^3}\left[9\left(\frac{t_{\text{skin}}}{R}\right)^{1.6} + 0.16\left(\frac{t_{\text{skin}}}{l}\right)^{1.3}\right] \tag{2.29}$$

平均临界应力 σ_{co} 按下式计算：

$$\sigma_{\text{co}} = \frac{P_{\text{cr}}}{A_{\text{e}}} = \frac{P_{\text{cr}}}{(b_1 + b_{\text{dop}})t_{\text{b\_flange}} + At_{\text{web}} + bt_{\text{up\_flange}} + 2w_{\text{e}}t_{\text{skin}}} \tag{2.30}$$

等效宽度 w_{e} 按下式计算：

$$w_{\text{e}} = b \times \frac{1}{2}\sqrt[3]{\frac{\sigma_{\text{cr}_{\text{f}}}}{\sigma_{\text{co}}}} \tag{2.31}$$

式中，$\sigma_{\text{cr}_{\text{f}}}$ 为加筋壁板相邻筋条间蒙皮的临界屈曲应力，边界条件为两端固支两侧边简支，其计算公式为

$$\sigma_{\text{cr}_{\text{f}}} = \frac{\pi^2\sqrt{D_{11}^{\text{skin}}D_{22}^{\text{skin}}}}{l^2}\left[P - 2.0\left(1 - \frac{D_{12}^{\text{skin}} + 2D_{66}^{\text{skin}}}{\sqrt{D_{11}^{\text{skin}}D_{22}^{\text{skin}}}}\right)\right] \tag{2.32}$$

式中，P 通过 λ 查曲线可得到。λ 的定义为

$$\lambda = \frac{l}{w} \sqrt[4]{\frac{D_{22}^{\mathrm{skin}}}{D_{11}^{\mathrm{skin}}}} \tag{2.33}$$

等效宽度 w_{e}、平均临界应力 σ_{co} 和临界载荷 P_{cr} 是相互耦合的量,可通过预先假定等效宽度,再进行迭代计算的方法来实现整个求解过程。

2.5.2 基于 MATLAB 编程的极限载荷快速计算

采用 MATLAB 编程方法实现上述的计算过程,分别需要求解等效宽度 w_{e}、临界载荷 P_{cr} 和平均临界应力 σ_{co}。MATLAB 编程计算的流程如图 2.14 所示,应用摄动法原理,核心是确定出 w_{e}、σ_{co}、P_{cr} 这三个相互耦合的参数。

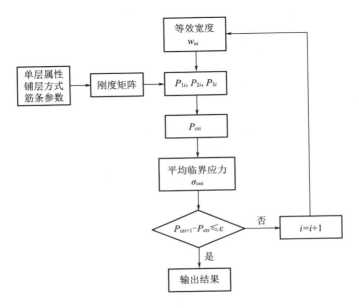

图 2.14 极限载荷快速计算流程图

编程计算具体步骤为:

(1)令 $w_{\mathrm{e}i}(i=1)=0$,代入式(2.11)、式(2.24)中,得到 $P_{\mathrm{cr}i}(i=1)$;

(2)将得到的 $P_{\mathrm{cr}i}$ 和 $w_{\mathrm{e}i}$ 代入式(2.30)得到 $\sigma_{\mathrm{co}i}(i=1)$ 的值;

(3)将 $\sigma_{\mathrm{co}i}$ 代入式(2.31)得到新的 $w_{\mathrm{e}i}(i=2)$ 值,继而得到 $P_{\mathrm{cr}i}(i=2)$ 和 $\sigma_{\mathrm{co}i}(i=2)$;

(4)对比 $P_{\mathrm{cr}i}(i=1)$ 和 $P_{\mathrm{cr}i}(i=2)$,如果两者之差小于一个极小值 δ,则输出结果,否则重复步骤(1)~(3)。

为了方便实际使用,在前面计算程序完成的基础上,使用 MATLAB 自带的 GUI 工具编辑了交互界面,形成可操作的软件,如图 2.15 和图 2.16 所示。该软件操作简单,只需要完整的填写复合材料单层属性、铺层方式、加筋壁板几何参数等必要条件即可计算,计算耗时短,可以直接在界面处显示结果,加快了初步设计的进程,提高了结构设计筛选的速度。

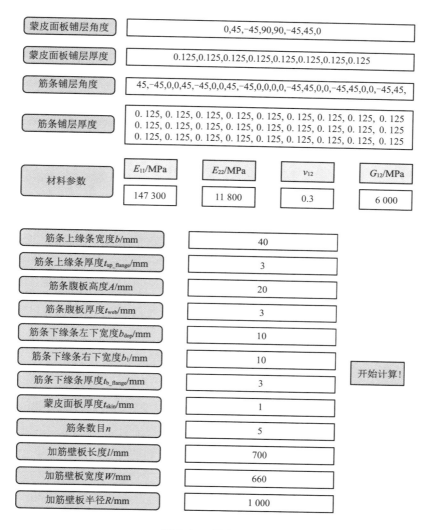

图 2.15　输入界面

为了验证这种方法的可行性和适用范围以及软件的效果，采用不同的几何参数、铺层顺序以及筋条结构，使用编制好的程序对不同工况的加筋形式进行计算，见表 2.2，同时参考文献实验数据和有限元软件计算结果，分别对比不同筋条形式的初始屈曲载荷与压缩极限载荷。

图 2.17 为工况 1 和工况 2 的比较结果，由于初始屈曲为筋条间壁板的屈曲，因此筋条对初始屈曲影响很小，几种情况基本都处在同一个区域。极限载荷则由于筋条数量的不同而出现了较大差异。

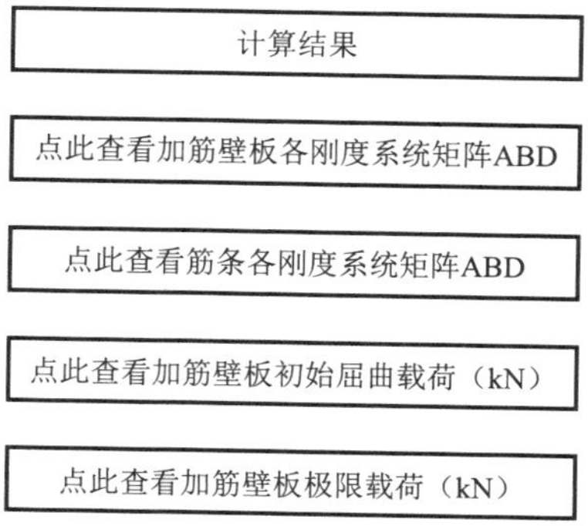

计算结果

点此查看加筋壁板各刚度系统矩阵ABD

点此查看筋条各刚度系统矩阵ABD

点此查看加筋壁板初始屈曲载荷（kN）

点此查看加筋壁板极限载荷（kN）

图 2.16　输出界面

表 2.2　不同工况的筋条形式

	工况一 T 形梁一	工况二 T 形梁二	工况三 T 形梁三	工况四 J 形梁一	工况五 J 形梁二
总长度/mm	720	720	720	720	720
自由长度/mm	660	660	660	660	660
半径/mm	938	938	938	938	938
筋条数目/个	5	5	6	5	4
筋条间距/mm	136	136	113	136	174
蒙皮铺层情况	$[0,\pm45,90]_s$	$[0,\pm45,90]_s$	$[0,\pm45,90]_s$	$[0,\pm45,90]_s$	$[0,\pm45,90]_s$
筋条铺层情况	$[\pm45,0_2]_{3s}$	$[\pm45,0_2]_{3s}$	$[\pm45,0_2]_{3s}$	$[\pm45,0_2]_{3s}$	$[\pm45,0_2]_{3s}$
单层厚度/mm	0.125	0.125	0.125	0.125	0.125
筋条高度/mm	20	15	20	20	20
筋条底面宽度/mm	60	60	60	60	60
筋条表面宽度/mm	—	—	—	10	20
$E_{11}/(\text{N} \cdot \text{mm}^{-2})$	147 300	147 300	147 300	147 300	147 300
$E_{22}/(\text{N} \cdot \text{mm}^{-2})$	11 800	11 800	11 800	11 800	11 800
$G_{12}/(\text{N} \cdot \text{mm}^{-2})$	6 000	6 000	6 000	6 000	6 000
ν_{12}	0.3	0.3	0.3	0.3	0.3

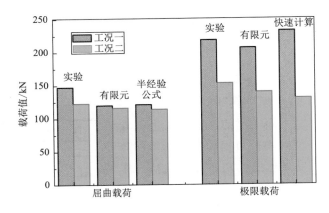

图 2.17　屈曲载荷和极限载荷对比

　　将对比结果列于表 2.3 中,先与文献实验(三次实验)数据进行对比。对于筋条相对密集型,快速计算方法得出的工况一、工况三、工况五的极限载荷高于文献的实验结果;对于筋条相对稀疏型的工况二、工况四的破坏载荷低于参考文献的值。

表 2.3 不同工况对比

	$P_{buckling}$/kN			P_{UL}/kN		
	文献实验数据	有限元法	半经验公式法	文献实验数据	有限元法	快速计算法
工况一	137.3	120	121.4	208.7	207	232.5
5 条高度为 20 mm 的 T 形	147.2	—	—	222.7	—	—
筋条	158.5	—	—	224.8	—	—
工况二	133.4	116	114	158.9	140	130.5
5 条高度为 15 mm 的 T 形	110.9	—	—	153.3	—	—
筋条	123.6	—	—	147.2	—	—
工况三	224.2	183	174.3	274.7	286	270.3
6 条高度为 20 mm 的 T 形	237.3	—	—	264.9	—	—
筋条	234.5	—	—	274.5	—	—
工况四	83.4	96	82.5	230.5	224	206.7
5 条 J 形筋条	70.6	—	—	226.1	—	—
工况五	59.8	86	107.8	289.8	346	340.6
4 条 J 形筋条	90.8	—	—	293.0	—	—

再同有限元方法计算得出的结果进行对比。工况一和工况五由快速计算得出的结果高于有限元的结果,但误差不超过 10%;工况二、工况三和工况四则低于有限元结果,误差不超过 9%。快速计算方法无论从结构设计还是结构优化来说,都是一种方便迅捷预报复合材料加筋壁板后屈曲极限载荷的有效方法。

关于筋条间蒙皮面板的局部初始屈曲载荷,从表 2.3 中可以看出,对于工况一、工况二和工况三,半经验公式法低于文献的实验结果,工况四和工况五则高于文献的实验结果。基于等效宽度法能准确计算复合材料加筋曲板的初始屈曲载荷和最终破坏载荷,所以是一种能够满足工程应用的快速可靠工具。

2.5.3 加筋壁板参数分析

针对复合材料加筋壁板带有 T 形筋条的情况进行分析,蒙皮面板的铺层形式为 $[0, \pm 45, 90]_s$,筋条铺层形式为 $[\pm 45, 0_2]_{3s}$,单层材料厚度 $t = 0.125$ mm,蒙皮面板厚度为 1 mm,筋条腹板和缘条厚度均为 3 mm。

蒙皮面板和筋条的刚度系数可编程获得,蒙皮面板的刚度系数列于表 2.4。

表 2.4 蒙皮面板的刚度系数

项目	值	项目	值
sA11	63 987.204 078	sA66	22 140.498 708
sB11	0	sD11	26 349.919 497
sD12	4 169.965 789	sD16	−1 599.422 10
sD22	7 156.854 296	sD26	−1 599.422 100
sD66	4 778.538 800		

筋条的刚度系数列于表2.5。

表 2.5 筋条的刚度系数

项目	值	项目	值
uA11	294 324.626 636	bA11	294 324.626 636
wA11	89 598.597 834	uA66	66 421.496 123
bA66	66 421.496 123	wA66	66 421.496 123
uB11	0	bB11	0
wB11	0	uD11	577 414.122 761
bD11	577 414.122 761	wD11	231 938.949 157

扭转刚度和极限载荷随筋条高度变化的曲线如图 2.18 所示,从图中可以看出,扭转刚度与筋条高度呈线性正相关,而极限载荷与筋条高度为非线性关系,筋条高度在 5～50 mm 之间存在最优解。

弯曲刚度 EI 和等效宽度 W_e 随筋条高度的变化曲线如图 2.19 所示。从图中可以看出,弯曲刚度与筋条高度呈非线性关系,单调递增;等效宽度与筋条高度呈非线性关系,筋条高度在 5～50 mm 之间存在最优解。

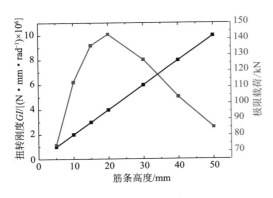

图 2.18 扭转刚度和极限载荷与筋条高度关系图

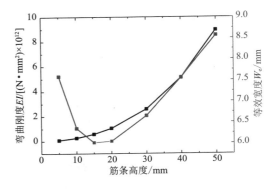

图 2.19 弯曲刚度和等效宽度与筋条高度关系图

等效宽度法是一种有效计算复合材料加筋曲板破坏载荷的方法,开发的快速计算法能够快速稳定地获得复合材料加筋壁板的屈曲和后屈曲载荷,为加筋壁板的实际工程开发和使用提供了便捷方法,为结构初步设计节约了时间。

2.6　复合材料加筋壁板工艺设计

复合材料加筋壁板整体化成型工艺有:预浸料—热压罐、预成型件/RTM 或 RFI 等。其中,预浸料—热压罐法最为常用,此方法包含共固化、共胶接、二次胶接三种工艺,可根据实际需求制定工艺流程。

2.6.1　共固化整体成型加筋壁板

热压罐是航空航天复合材料构件的主要生产设备,热压罐的大小决定了可生产加筋壁板的尺寸。热压罐成型工艺是将预浸料通过脱模布、真空袋包覆、热压罐加热加压的一种固化复合材料产品的生产技术。

共固化是将两个或两个以上的零件(毛坯)经过一次固化成型制成一个整体构件的工艺方法,如图 2.20 所示,其优点是能够明显缩短筋条和蒙皮暴露在高温环境下的累计时间,缺点是组合时筋条、蒙皮均为湿态,在型面及内部质量控制等方面存在较多技术难点,产品质量风险较高。

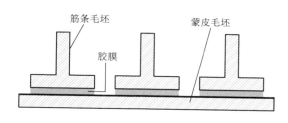

图 2.20　共固化工艺示意图

若要制备 T 形加筋壁板,共固化工艺的流程如图 2.21 所示。T 形筋条分为四部分,左右两侧 L 形、填充物和缘条。筋条和蒙皮铺贴完成后都要经过预压实以确保质量,筋条两侧有模具辅助完成固化。

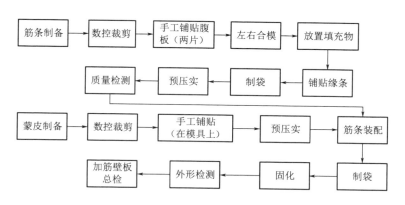

图 2.21　共固化工艺流程图

2.6.2 共胶接成型加筋壁板

共胶接是把一个或多个已经固化成型的结构与另一个或多个尚未固化的零件通过胶粘剂(一般为胶膜)一次固化并胶接成一个整体制件的工艺方法,又分为先固化蒙皮和先固化筋条两种形式。对于先固化蒙皮(见图2.22),是先将蒙皮固化完成后,再将铺贴预压好的未固化筋条组件通过结构胶膜一次胶接到蒙皮上;对于先固化筋条,是先将筋条固化成型,再将筋条通过一定加压方式放置于未固化蒙皮上,再与蒙皮一起胶接固化。共胶接方式流程较短、质量可控、工艺难度较低。

波音787复合材料机翼壁板成型选用共胶接固化成型方式,筋条先固化,再和蒙皮定位组装后进行胶接固化。空客在机翼壁板结构上同样采用共胶接固化成型方式,A350XWB复合材料机翼采用筋条先固化,再和蒙皮共胶接固化的成型方式。采用共胶接固化成型方式,可以保证筋条的成型质量和加工精度,筋条在和预成型

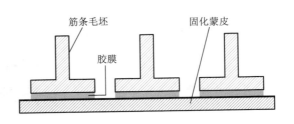

图 2.22　共胶接工艺示意图

蒙皮共胶接固化时胶接质量较易保证,筋条定位方便,工装成本低。

仍以制备T形加筋壁板为例,共胶接工艺的流程如图2.23所示。蒙皮壁板经历了两次固化过程,一次为自身固化,一次为与筋条胶接固化。

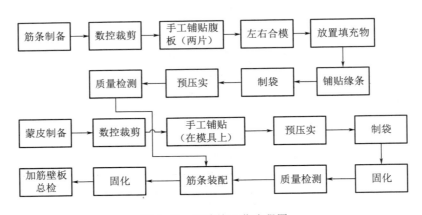

图 2.23　共胶接工艺流程图

2.6.3 二次胶接成型加筋壁板

二次胶接是预先固化好筋条和蒙皮,再将两者通过结构胶膜二次胶接到一起的工艺方法,如图2.24所示,其工艺流程烦琐,胶接质量难以保证且成本较高,目前在生产中基本很少使用。

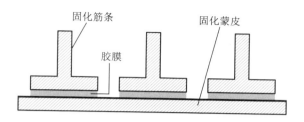

图 2.24 二次胶接工艺示意图

参考文献

［1］ 薛向晨,王犇,胡江波,等.大型机身复合材料加筋壁板制造技术及应用[J].航空制造技术,2019,62(16):88-93.

［2］ 段友社,周晓芹,侯军生.大飞机复合材料机翼研制技术现状[J].航空制造技术,2012(18):34-38.

［3］ DEGENHARDT R,ROLFES R,ZIMMERMANN R,et al. COCOMAT:improved material exploitation of composite airframe structures by accurate simulation of postbuckling and collapse[J].Composite Structures. 2006,73(2):175-178.

［4］ 李婷,郝雪萍,赵洁,等.飞机典型复合材料加筋壁板结构稳定性及破坏强度分析[J].飞机设计,2013,33(6):38-42.

［5］ 金迪,寇艳荣.复合材料加筋壁板结构选型设计[J].复合材料学报,2016,33(5):1142-1146.

［6］ 赵占文,LIU W,苏雁飞,等.复合材料加筋壁板的两步优化法[J].航空计算技术,2015,45(2):79-83.

［7］ 杨乃宾,章怡宁.复合材料飞机结构设计[M].北京:航空工业出版社,2002.

［8］ 王璐璐.飞机复合材料机翼壁板稳定性分析与设计[D].哈尔滨:哈尔滨工程大学,2017.

［9］ 张成雷.复合材料层合结构设计方法与挖补强度研究[D].广汉:中国民用航空飞行学院,2014.

［10］ 渠晓溪.复合材料机翼的结构设计与分析[D].哈尔滨:哈尔滨工程大学,2015.

［11］ 穆朋刚,万小朋,赵美英.复合材料加筋壁板优化设计[J].玻璃钢/复合材料,2009(5):57-60.

［12］ 沈真.复合材料结构设计手册[M].北京:航空工业出版社,2001.

［13］ 叶金蕊.面向制造成本的复合材料加筋壁板结构设计方法研究[D].哈尔滨:哈尔滨工业大学,2009.

［14］ 范振民.含损伤复合材料加筋壁板屈曲及后屈曲研究[D].上海:上海交通大学,2012.

［15］ 范振民,赵海涛,陈吉安.复合材料加筋板后屈曲快速计算方法研究[J].计算机仿真. 2012,29(9):392-396,406.

［16］ PEVZNER P,ABRAMOVICH H,WELLER T. Calculation of the collapse load of an axially compressed laminated composite stringer-stiffened curved panel-An engineering approach[J]. Composite Structures. 2008,83(4):341-353.

［17］ 童贤鑫.复合材料结构稳定性分析指南[M].北京:航空工业出版社,2002.

［18］ 盛永清.工型复合材料加筋壁板制造工艺研究[D].哈尔滨:哈尔滨工业大学,2016.

［19］ 闫亚斌,陈群志,王建邦,等.整体加筋壁板轴压强度设计方法[J].中国表面工程,2013,26(2):102-106.

［20］ 傅承阳.飞机复合材料制件热压罐成型温度场模拟与改善方法[D].南京:南京航空航天大学,2013.

[21]　逄守良.飞机壁板复合材料的工艺研究与加工探讨[J].中国新技术新产品,2018(9):42-43.

[22]　闫恩玮,杨绍昌.T型加筋壁板共固化技术研究[J].航空制造技术.2018,61(14):50-55.

[23]　叶宏军,翟全胜,陈际伟.5428/T700复合材料"工"字加筋壁板共胶接工艺[J].航空制造技术.2009(增刊):33-35.

第3章 飞艇复合材料桁架设计

3.1 概 述

3.1.1 飞艇的发展

飞艇于 19 世纪被研发出来,最初是作为一种空中民用交通工具,在 19 世纪末到 20 世纪初曾风靡一时,后因安全事故频发以及飞机的兴起沉寂了将近一个世纪。飞艇结构根据其组成的不同,可分为软式、半硬式和硬式飞艇,其基本结构由艇体、翼面、吊舱和推进装置等部分组成。硬式飞艇的艇体形状靠结构桁架维持,软式和半硬式飞艇的艇体形状主要靠气囊内的浮升气体压力维持。

近二十年来,随着航空、航天技术的迅猛发展,飞艇又以其留空时间长、飞行高度高、载重量大、工作寿命长、污染小、机动性能好、信息获取与传输能力强、可快速布置和转移以及对起降场地要求低等优势,再次成为航空领域研究开发的热点。

平流层是处于中间层和对流层之间的空间,由于具备相对平稳的气流和对地距离较近的特点,成为通信中继平台、高空对地观测等的比较理想的环境。而平流层飞艇作为该空间的一种重要飞行器,相比飞机、卫星等其他飞行器,最大的优势在于能够完成长期驻留的飞行任务,具有巨大的军用和民用价值。和中低空常规飞艇相比,平流层飞艇单位体积所提供的浮力大大降低,使其在设计时存在艇体体积、阻力和重量之间的循环制约关系。所以,飞艇结构轻量化成为平流层飞艇研发的首要课题,受到了世界各国研究机构的高度重视。为了减轻飞艇艇体的自重,提高载重量,复合材料被广泛应用在飞艇结构上,包括囊体、桁架、吊舱等部件的设计与制造方面。

美国对于平流层飞艇的研究制定了一系列的计划。从 2002 年开始,美国制定了高空飞艇计划(HAA™),经过初始阶段研发,于 2008 年由洛克希德·马丁公司负责研发高空长航时试样机(HALE-D),如图 3.1 所示,并于 2011 年 7 月进行了飞行测试。HALE-D 具有完全可再生的太阳能动力系统,它使用了所有空中平台中最大的太阳能电池板和最大的可充电锂离子电池。

洛克希德·马丁公司从美国国防高级研究计划局获得平流层飞艇的项目,并制定了 2006~2013 年的研发试验计划,飞艇示意图如图 3.2 所示,于 2013 年完成了结构与探测器一体化设计的飞艇(ISIS),该艇体表面带有大面积的雷达,在帮助美军实现侦察预警方面可发挥重要的作用。

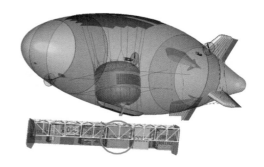

图 3.1　高空飞艇计划的 HAA™ 的样机 HALE-D

图 3.2　ISIS 飞艇示意图

美国战略司令部和西南研究院共同制定了"高空哨兵(HiSentinel)"飞艇项目,并成功试飞高空哨兵 20(2005 年)、高空哨兵 50(2008 年)、高空哨兵 80(2010 年),该系列高空飞艇的目的是为军方提供指挥自动化系统和持久通信能力。HiSentinel 80 系统集成测试场景如图 3.3 所示。

2014 年 5 月,法国工业和数字化技术部在"法国新工业"计划的范围内选定了巨型平流层飞艇项目 Stratobus(见图 3.4),泰雷兹·阿莱尼亚宇航公司(Thales Alenia Space)担任总承包商。Stratobus 有两个创新点:一是在气球内部使用了太阳能集中器和可逆燃料电池,可提供大量的航行能量,同时在白天或夜晚最大限度地减轻了质量并减少了囊体的表面积;二是 Stratobus 使用"气球周围的环"使其旋转,从而使其在所有季节的白天始终面向太阳,因此电池能够存储足够的能量。

图 3.3　HiSentinel 80 系统集成测试

图 3.4　法国 Stratobus

日本对平流层飞艇的研究也紧跟欧美国家。1998 年开始,日本制定了长远发展的平流层飞艇平台(SPF)研发计划,分阶段进行实施。如今已完成了 60 m 级、40 m 级飞艇分别在 4 km、16 km 高的滞空实验,完成了结构设计与制造技术的验证,并取得了有价值的数据和经验。日本在飞艇气囊材料、制备方面的研究较为深入,但对大型结构的构型设计、制造的研究和经验并不多。

国内对平流层飞艇的研制也非常重视,数十家科研单位对飞艇总体、分系统、关键技术等方面进行了研究。中国科学院于 2012 年成功放飞 KFG79 飞艇,是当时全世界体积最大、推进功率最大的飞艇,完成了对总体结构布局、放飞方法、由升空到平飞的飞行控制技术等多项关键技术的验证。

3.1.2　复合材料在飞艇上的应用

飞艇作为一种飞行器,其质量与性能息息相关,因此减重对飞艇结构十分必要。采用复合材料替代金属是非常有效的手段。飞艇的艇体主要选用 Vectran 纤维增强复合材料,吊舱、桁架、螺旋桨、尾翼、头尾锥主要选用碳纤维增强复合材料。

囊体材料是飞艇结构重要的组成部分,囊体材料构成如图 3.5 所示。外部耐候层用于防护紫外、臭氧对材料的伤害;承力层(由织物组成)主要承受结构的大部分载荷;阻氦层用于防止氦气的渗漏;焊接层用于布幅之间的拼接,两个粘接层将几个主要部分合成一个有机的整体。

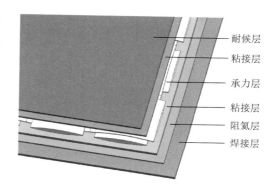

随着材料性能的改进,现在的囊体材料主要有 3 层:外部功能层(包含耐候和阻氦等功能)、内部承力层(两者通过粘接层复合在一起)以及焊接层。有的囊体材料减少了焊接层,以减轻囊体的质量,只在需要焊接的区域进行涂胶粘接。

图 3.5　囊体材料构成示意图

囊体材料不仅是装填浮升气体的气囊,还是整个飞行器的承载部分。吊舱需悬挂在囊体的下部,尾翼、头锥等也需与囊体相连,还有气体膨胀产生的内压也将作用到囊体上。在结构设计上,织物的强度是决定囊体承载的主要因素,囊体材料的强度又决定了软式飞艇的最大直径,因此需要开发更高强度的囊体材料。

复合材料用在飞艇结构上,减重效果非常明显,原因不仅在于复合材料本身的性能,还包括其可设计性,可以让材料性能得到充分发挥。飞艇骨架是树脂基复合材料典型的应用。齐柏林 Zeppelin N07-101 是半硬式飞艇,长 75 m,骨架结构质量为 1 100 kg,它由 12 段三角形碳纤维桁架与 3 条铝合金制成的纵梁相连,整个结构用芳纶绳张紧,如图 3.6 所示。

3.1.3　复合材料桁架结构特点

桁架结构在浮空器、空间站和卫星中都是一种很有效的结构形式,由于结构简单,载荷分配合理,易于安装和拆卸,应用前景很广泛。桁架结构以往大多采用金属材料,但因其质量大,显著降低了结构所能承担的有效载荷。高性能碳纤维复合材料具有很好的可设计性能,可代替以往桁架结构中的铝合金、钛合金等金属材料,有效减轻航天器的结构质量,增加有效载荷,是航天新材料的研究重点和发展方向。桁架结构和碳纤维复合材料具有诸多优势,碳纤维复合材料桁架结构已成为未来大型空间飞行器支撑结构的重要发展趋势之一。

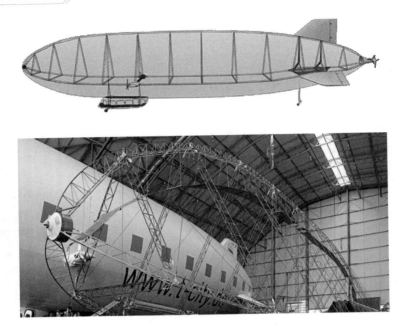

图 3.6　齐柏林 Zeppelin N07-101 飞艇骨架

　　复合材料桁架按照制备方法可以分为整体成型和分步成型。整体成型可减少复合材料的连接件，但结构不能拆卸，占用面积大；分步成型是杆件、连接件各自成型，然后组装在一起的制备方法，特点刚好与整体成型相反。

　　杆件之间的连接是复合材料桁架的一个显著特点。复合材料接头可以选择插管式的多通接头形式（见图 3.7），也可以选择耳片多通接头连接形式（见图 3.8），为保证节点连接的稳定性，还可以在插接后再进行一次固化（见图 3.9）。

图 3.7　插管多通接头

图 3.8 耳片多通接头

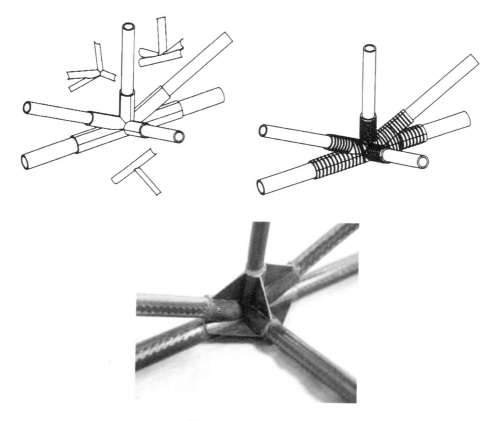

图 3.9 固化连接接头

3.2 复合材料桁架结构设计

半硬式飞艇需在囊体加装龙骨、支撑杆等硬式结构,以提高囊体的结构刚度,维持艇体外形,兼有硬式飞艇和软式飞艇的特点。相较于硬式飞艇结构,半硬式飞艇有着与气动外形贴合的龙骨和支撑杆,并沿着飞艇的底部曲面从头锥一直延伸到尾翼后部。而与软式飞艇结构相比,半硬式飞艇的吊挂系统并不是最主要的承载系统,而是由龙骨、支撑杆来承受主要载荷,并沿航向将载荷均匀地传递给整个飞艇。所以,半硬式飞艇通常会将吊挂系统取消。

龙骨与艇囊之间直接的相互支撑有利于抵消和分散它们之间的剪力弯矩,但同时龙骨与艇囊之间的不良配合则有可能导致它们之间相互影响并且产生额外压力。因而如何实现艇囊与龙骨之间准确无误的配合是半硬式飞艇桁架设计至关重要的问题。龙骨与艇囊的配合是刚性和柔性之间的配合,如何设计、安装让两者能较好匹配在一起是一项比较困难的事情。

飞艇龙骨设计具体包括:材料设计、桁架整体构型设计、杆件设计、接头设计,涵盖复合材料的选材、空间构型、制作工艺、几何尺寸等方面内容。

3.2.1 桁架整体构型设计

半硬式飞艇上的桁架,一般作为推进系统的支撑结构。飞艇推进系统支架的设计外形如图 3.10 所示,为了安装推进系统的支撑桁架,在飞艇囊体上交叉布置了 2 根贴合囊体的复合材料弧线圆管,一方面可作为安装底座,另一方面可增强囊体结构的抗压能力。

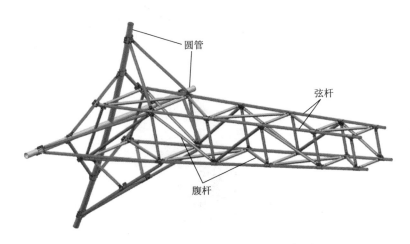

图 3.10　飞艇推进系统支架结构示意图

飞艇桁架结构以十字交叉的两组弧线圆管和艇囊为底座,弧线圆管和囊体一起维持飞艇的气动外形,并在囊体内压升高时共同抵抗气囊内的压差。

推进系统支架的 4 根弦杆是主要的抗弯构件,由 44 根腹杆连接在一起构成矩形变截面的桁架。当推进系统安装到桁架上后,上、下撑杆将重力载荷传递给囊体,左、右撑杆作为螺旋桨工作时的支撑。

碳纤维增强复合材料弧线管是针对飞艇结构的一类特殊管件,其特点是尺度大、有曲率,因此制备较为困难。碳纤维增强复合材料弧线圆管成型工艺成为了这种类型飞艇的关键技术,也是复合材料成型技术创新发展的需要。

制备完成后的桁架结构测试如图 3.11 所示。桁架安装在金属工装上,在桁架的连接点处悬挂重物对其承载性能进行测试。重物的质量与将要安装在桁架上的推进系统质量相当。

图 3.11　飞艇桁架结构测试

3.2.2　桁架结构选材

飞艇所处的工作环境非常特殊,昼夜温差很大、驻空停留的时间较长、结构轻量化的要求较高,以上条件都要求结构材料既能够满足强度、刚度等力学性能指标,又能够保证结构质量尽量轻,且耐疲劳、耐热膨胀、尺寸稳定。

在树脂的选材上,一般根据桁架使用温度、树脂韧性、树脂的工艺性、树脂浇注体的力学性能及价格综合考虑。对于组成大型飞艇桁架的碳纤维复合材料桁架来说,其基体一般选择环氧树脂,因为飞艇的飞行环境温度较低,树脂为增韧型,有利于改善桁架的疲劳性能。

在纤维增强材料的选择上,主要考虑纤维的承载作用,按照比强度、比刚度、损伤容限特性、制造特性和价格进行综合考虑。对于飞艇桁架,在玻璃纤维和碳纤维增强环氧树脂两种复合材料的选择中,碳纤维的优异性能更适合作为制作材料,因此本章设计示例桁架结构选取 T700 高强度碳纤维。制备桁架结构的复合材料弹性模量和强度参数见表 3.1。

表 3.1　T700-12K 高强度纤维/环氧树脂复合材料力学性能

力学性能	数值	力学性能	数值
E_1/GPa	134	G_{23}/GPa	3.4
E_2/GPa	9.42	X_t/MPa	1 830
E_3/GPa	9.42	X_c/MPa	895
ν_1	0.28	Y_t/MPa	31.3
ν_2	0.28	Y_c/MPa	124.5
ν_3	0.34	τ_{xy}/MPa	72.0
G_{12}/GPa	6.5	ρ/(kg·m^{-3})	1 600
G_{13}/GPa	6.5		

3.2.3 桁架杆件的拉伸实验测试

直径大、强度高的复合材料圆管拉伸实验是较难开展的,通常复合材料圆管两端与拉伸机的金属连接件(见图 3.12)易于分离,两者不能很好的粘接在一起。主要原因是管状材料在与金属连接件粘接时无法施加压力,胶黏剂不能很好的成为连接两者的桥梁。

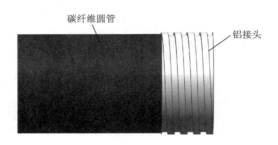

图 3.12 碳纤维管与金属连接件

为了将连接件与碳纤维圆管粘接牢固,特制作了 2 种试件。一种是铝连接件和复合材料共固化,铝连接件套在复合材料管的外部,依靠固化压力把金属件和复合材料压紧后连接在一起。另一种是把复合材料管开口,铝连接件插入到复合材料管中,两者之间的壁面涂抹胶黏剂 J133,外侧用卡箍勒紧,并保证测试时胶黏剂只受剪力。

实验时,铝连接件与拉伸机上的工装相连,共固化粘接的破坏形式如图 3.13 所示,在拉伸载荷为 85.9 kN 时,金属连接件和复合材料脱粘。金属连接件只和复合材料的表面有粘接作用,纤维和树脂并没有被固化压力压进连接件沟槽里。

图 3.13 共固化试件破坏形式

开口胶粘的试件在实验前也需与工装相连,连接的破坏形式如图 3.14 所示,复合材料管在拉伸载荷为 255 kN 时断裂了。开口粘接的方法基本可以保障复合材料圆管发挥全部的强度。

图 3.14　桁架正视图及开口胶粘试件破坏形式

3.3　复合材料连接件设计

飞艇上的复合材料桁架是将几根复合材料弧线管和直管相互连接的一个整体结构,必须采用合理的连接方法,才能充分发挥碳纤维增强复合材料的优异性能。复合材料主承力接头设计与制造技术对于拓宽碳纤维复合材料的应用范围,进一步减轻桁架结构质量,提高疲劳性能和降低制造成本具有重要工程实用价值。

在构成复合材料完整桁架结构时,最重要的一点是要保证连接强度的可靠性、安全性,能够传递碳纤维增强复合材料圆管所承受的全部载荷。

3.3.1　一体式复合材料接头

对于飞艇桁架结构,应根据连接管件的数量和连接方式的不同来选取对应的连接件。在推进系统支架上共有 3 种一体式类型的连接件,位置如图 3.15 所示。

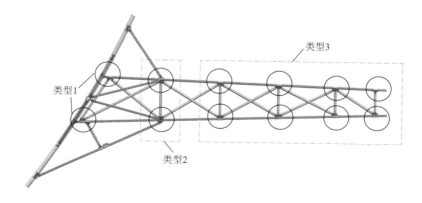

图 3.15　桁架连接件的 3 种一体式类型

　　类型 1 为五通连接件,具体结构形式如图 3.16 所示。弦杆从连接件的管中穿过,腹杆采用耳片螺接的方式进行连接。此类连接件共 4 个,两两分别镜面安装。

　　类型 2 为七通连接件,具体结构形式如图 3.17 所示。弦杆从连接件的管中穿过,腹杆采用耳片螺接的方式进行连接。此类连接件共 4 个,两两分别镜面安装。

图 3.16　一体式连接件类型 1

图 3.17　一体式连接件类型 2

　　类型 3 为五通连接件,具体结构形式如图 3.18 所示。弦杆从连接件的管中穿过,腹杆采用耳片螺接的方式进行连接。此类连接件共 16 个,在桁架上进行镜面安装。

3.3.2　分体式复合材料接头

　　分体式复合材料接头主要用于把支架连接在飞艇囊体外部的圆管上,基本上都贴近艇囊,共有 3 种类型,位置如图 3.19 所示。

图 3.18　一体式连接件类型 3

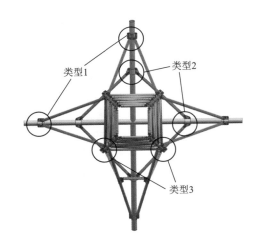

图 3.19　分体式连接件位置图

　　类型 1 为三通连接件,具体结构形式如图 3.20 所示。采用两片螺接形式固定在碳纤维圆管上,另外两个耳片与撑杆相连,耳片的方向指向支架。此种类型连接件的作用是将推进支架的载荷传递到艇体上。

类型 2 为三通连接件,具体结构形式如图 3.21 所示。采用两片螺接形式固定在碳纤维圆管上,另外两个耳片与撑杆相连。此种类型连接件的作用是将艇体上的交叉圆管固定,为推进系统支架提供牢固的底座。

类型 3 为两通连接件,具体结构形式如图 3.22 所示。采用两片螺接形式固定在碳纤维圆管上,另外两个耳片与撑杆相连。此种类型连接件的作用是直接与推进系统支架相连,耳片的方向对准支架位置。

图 3.20 分体式连接件类型 1　　　图 3.21 分体式连接件类型 2　　　图 3.22 分体式连接件类型 3

连接件采用碳纤维预浸料模压成型,表面经电喷处理,具有美观、轻质高强等特点,可用于高强管件的连接。碳纤维的轴向强度和模量高,无蠕变,耐疲劳性好,可在湿热、寒冷的环境中长期使用,且机械强度大于一般的热塑性工程塑料,耐化学腐蚀、吸水率低,可以根据不同需求进行设计加工。

3.4 复合材料桁架结构强度分析

复合材料圆管结构的强度由多方面因素决定,既与增强体碳纤维和基体树脂的选材有关,又受到产品成型方式的影响,尤其是薄壁结构受工艺的影响比较明显。

飞艇上的桁架一是用于消减气囊材料的张力,并且把载荷平均分配到飞艇的整个长度方向;二是构成轻质结构,作为其他系统安装的基础。半硬式平流层飞艇的设计关键是在满足与飞艇受载状况相适应的各种要求下,实现结构最大限度的轻量化。轻量化设计的实现一般从结构形式、新概念材料和结构优化设计几方面考虑。

飞艇上的桁架主要由附着在气囊外表面的圆环、从艇头到艇尾的长杆、以圆环和长杆作为底座的推进系统支架三部分组成。

3.4.1 复合材料弧线管强度分析

飞艇桁架中的弧线管在艇囊受压力时一起参与承载,管材处于受拉状态。因此需分析弧线管受拉伸载荷的应力应变情况。在飞艇最大直径处放一弧线管,检验气囊在 1 000 Pa 内压下弧线管的受力情况。材料参数见表 3.2,边界条件为简支。

表 3.2　飞艇囊体与碳纤维圆管材料参数

材　料	弹性模量/GPa	泊松比	厚度/mm	外径/mm
飞艇囊体	20	0.3	0.18	—
碳纤维弧线管	80	0.3	1	40

飞艇囊体和弧线管的应力云图如图 3.23 和图 3.24 所示。

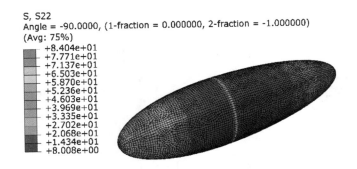

S, S22
Angle = -90.0000, (1-fraction = 0.000000, 2-fraction = -1.000000)
(Avg: 75%)
+8.404e+01
+7.771e+01
+7.137e+01
+6.503e+01
+5.870e+01
+5.236e+01
+4.603e+01
+3.969e+01
+3.335e+01
+2.702e+01
+2.068e+01
+1.434e+01
+8.008e+00

图 3.23　飞艇囊体环向应力云图

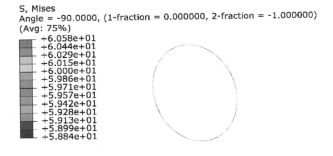

S, Mises
Angle = -90.0000, (1-fraction = 0.000000, 2-fraction = -1.000000)
(Avg: 75%)
+6.058e+01
+6.044e+01
+6.029e+01
+6.015e+01
+6.000e+01
+5.986e+01
+5.971e+01
+5.957e+01
+5.942e+01
+5.928e+01
+5.913e+01
+5.899e+01
+5.884e+01

图 3.24　弧线管应力云图

飞艇囊体在没有弧线管包裹时,可采用薄膜理论计算,单位长度环向薄膜内力为

$$N_\theta = Rp \tag{3.1}$$

式中　N_θ——薄膜内力;

　　　R——艇体半径;

　　　p——艇囊内压。

囊体沿环向所受张力为

$$T_{i\theta} = \sigma_{i\theta} t_{i0} \tag{3.2}$$

式中　$\sigma_{i\theta}$——囊体材料环向应力;

t_{i0}——囊体材料厚度。

由力的平衡方程可得

$$T_{i\theta} = N_\theta \tag{3.3}$$

将式(3.1)、式(3.2)带入式(3.3)中,可以得到

$$\sigma_{i\theta} t_{i0} = Rp \tag{3.4}$$

对于 0.18 mm 厚的囊体材料,飞艇直径 30 m,内压 1 000 Pa,可得到囊体材料环向的应力为 83.33 Pa,与图 3.23 中远离弧线管的红色区域应力一致。弧线管降低了它周围囊体的应力。

弧线管包裹在囊体表面,其受力状态以拉伸为主,在此假设飞艇上的弧线管为另一薄层结构,两者叠合在一起共同承担囊内的压力,则有

$$\sigma_{i\theta} t_{i0} + \sigma_{f\theta} t_{f0} = Rp \tag{3.5}$$

式中 $\sigma_{f\theta}$——复合材料管应力;

t_{f0}——复合材料弧线管等效厚度。

在单位长度下,保持管与等效膜的面积相等,有

$$t_{f0} = \pi(r_2^2 - r_1^2) \tag{3.6}$$

式中 r_2——复合材料管外径;

r_1——复合材料管内径。

根据胡克定律,有

$$\sigma_{i\theta} = E_i \varepsilon_{i\theta}, \qquad \sigma_{f\theta} = E_f \varepsilon_{f\theta} \tag{3.7}$$

式中 $\varepsilon_{i\theta}$——囊体材料应变;

$\varepsilon_{f\theta}$——复合材料弧线管应变。

将式(3.6)和式(3.7)代入式(3.5)中,有

$$E_i \varepsilon_{i\theta} t_{i0} + E_f \varepsilon_{f\theta} t_{f0} = Rp \tag{3.8}$$

由界面处应变连续条件有

$$\varepsilon_{i\theta} = \varepsilon_{f\theta} \tag{3.9}$$

将式(3.9)代入式(3.8)中,并将应变表示为应力,有

$$\frac{\sigma_{f\theta}}{E_f}(E_i t_{i0} + E_f t_{f0}) = Rp \tag{3.10}$$

对于复合材料弧线管,应力可表示为

$$\sigma_{f\theta} = \frac{F}{\pi(r_2^2 - r_1^2)} \tag{3.11}$$

将式(3.11)代入式(3.10)中,有

$$F = \frac{E_f Rp \pi(r_2^2 - r_1^2)}{E_i t_{i0} + E_f \pi(r_2^2 - r_1^2)} \tag{3.12}$$

将之前的参数代入,获得的值与有限元仿真结果相符。单位长度下囊体材料的厚度与复合材料管等效厚度相差很大,可以略去囊体材料项,则式(3.12)可改写为

$$F = Rp \tag{3.13}$$

根据式(3.13)可以快速评估复合材料管材是否满足要求。

3.4.2 复合材料桁架结构强度分析

推进系统的桁架在工作过程中位移不能过大,否则会影响螺旋桨的正常工作。对推进系统支架的分析,主要考虑推进系统的质量和构件自重对结构的影响。将桁架结构简化为梁单元,边界条件为支座处固支。复合材料桁架管材的外径为 40 mm,壁厚 2 mm。桁架强度分析结果如图 3.25 和图 3.26 所示。

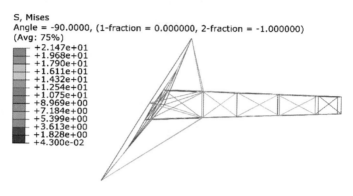

图 3.25 桁架应力分布云图

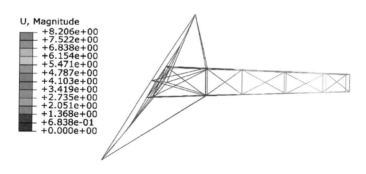

图 3.26 桁架位移分布云图

改变管材的壁厚,应力与位移的变化如图 3.27 所示,应力和位移均随管壁厚度的增加而下降。

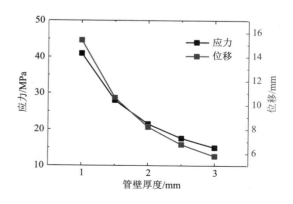

图 3.27 管壁厚度与应力和位移的关系

3.5　复合材料桁架构件工艺设计

3.5.1　复合材料直线管工艺设计

复合材料具备多种不同的结构形式,如层合板、大梁、肋板、加筋壁板、缠绕壳体等。复合材料圆管是一种比较特殊的结构形式,在成型工艺上可以选择模压、缠绕、卷制等方式。模压工艺是在芯模上进行预浸料铺贴,然后放置在模具中进行固化。缠绕工艺是在芯模上缠绕预浸料制作预成型体,而后再放置在热压罐中固化的一种成型工艺。卷制工艺是将裁切好的预浸料在卷管机上卷制成预制体,再缠绕热缩带在热压罐中加热固化的一种成型工艺。其中,卷制管材生产效率高,是生产直线圆管的最佳选择。

直线圆管卷制的基本过程是:用卷管机上的热辊将树脂软化,在一定的张力作用下,借助辊筒与芯模之间的摩擦力,将预浸料连续卷到芯模上,所用铺层卷完后将芯模取下缠绕热缩带,放入热压罐中固化,依靠热缩带给复合材料管施加压力。卷制圆管的工艺流程如图 3.28 所示。

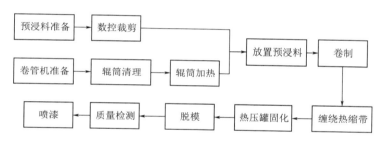

图 3.28　卷制圆管工艺流程图

铺层方式为 $\pm 45/0/0/\pm 20/0/0/3K$ 的平纹直线圆管的具体制作步骤为:

(1)内层按 $\pm 45°$ 铺放 T700 级 FAW100 碳纤维预浸料;

(2)卷制 2 层 $0°$ 预浸料,接着卷制 $\pm 20°$ 预浸料,再卷制 2 层 $0°$ 预浸料;

(3)外面铺放一层 3K 平纹预浸料。

卷制时注意层间接缝错开,按辊筒最大尺寸制作直线圆管预制体。若圆管长度需要增加时,每段之间采用内插接加胶粘连接。内插管厚度 1.5 mm,插接尺寸 $\geqslant 150$ mm,内插管铺层与外层管一致(无外层平纹预浸料)。内插管是预先固化成型的,在表面布置胶膜后放入两个直线圆管之间,插接后外层再包覆平纹预浸料,加压固化。

3.5.2　复合材料弧线管工艺设计

针对不同结构形式及尺寸的碳纤维增强复合材料管工艺及性能已有大量研究,对于直线管的成型工艺也有较为成熟的方法,但对于大长径比的薄壁复合材料弧线管,传统的成型工艺方法都具有一定的局限性。以截面为圆形的薄壁弧线管为例,在现有的较成熟的成型方法中,预浸料手工铺层/热压罐固化工艺对热压罐的尺寸要求比较高,并且由于弧线管的结构限制,脱模比较困难。对于纤维缠绕工艺,目前较为成熟的多为小尺寸的弯曲接头的缠绕,而长度较长又存在一定弧度的弯管缠绕工艺目前很不成熟,因为其对设备的要求比较高,缠绕工艺复杂,并且缺少 0°纤维,管的轴向强度较低。

对于连续长度的大尺寸构件成型也可采用拉挤法,在研究初期曾试图通过拉挤法实现薄壁碳纤维增强复合材料弧线管的制备。但在制备过程中,由于管壁的厚度只有 1.5 mm,因此在牵引夹具的作用下不可避免地出现了管体微裂纹和夹裂现象,在壁厚的均匀性和与牵引阻力相对应的夹持压力控制方面,遇到了高强度与大阻力的矛盾。由于薄壁管本身强度较低,虽然较高的纤维含量可对强度带来好处,但是,在纤维含量增加的同时,牵引阻力也随之增大,因此,必须增加夹持力方可牵引产品而不致打滑,这时强度又面临考验。采用拉挤法制备的型材厚度一般都大于 2 mm,环向纤维的加入对设备、工装的要求也相应提高,这也给以轴向拉拔为主的拉挤技术带来了较大的困难。

经过前期的大量探索,借鉴在自行车车架、轮毂制备过程中使用的气袋法,提出了采用气袋内加压-外模压工艺进行大长径比薄壁碳纤维复合材料弧线管的制备成型研究。

气袋内加压-模压工艺适用于制备空腔、薄壁型的高性能复合材料制品。在制备过程中,制品的外壁尺寸由刚性外模的内轮廓线控制,保证制品形状尺寸和表面光滑。内壁尺寸由气袋的膨胀控制,由于预浸料的状态、纤维的排列方向及其铺层设计将影响内模的膨胀能力,因此内壁尺寸精度的控制较外壁差,必须经过多次的试验对比,才能找到比较理想的工艺参数,主要关键技术包括以下两个方面:

(1)预浸料的铺层设计

铺层设计决定了碳纤维增强复合材料圆管的各项性能,主要包括铺层的层数、铺层角度、铺层厚度和铺层顺序的设计。在薄壁复合材料弧线管的设计中,铺层方向主要分为沿圆管轴向和环向两种,因为复合材料是各向异性十分突出的材料,其优异的物理、力学性能都集中在碳纤维的轴向,因此在设计过程中,要根据圆管的受力分析设计成在主受力方向上有足够的纵向纤维来承受载荷,而其他方向有适当的纤维来承受其他载荷。考虑受到来自管内壁气袋压力大小的影响,加压固化后的预浸料的厚度将变薄,需要进行反复试验对比。

(2)内壁形貌及厚度均匀性的保证

薄壁碳纤维增强复合材料弧线管内表面缺陷主要有皱褶、条纹以及富胶等。复合材料圆管在铺层时,不可能施加足够的张力压紧预浸料叠层块,因此铺层的复合材料相对较松散,厚度也较制成品厚。在成型工艺时,需要加内压以压紧各层复合材料并使多余的树脂流出。这时,由于复合材料叠层块被压紧,厚度变薄,内径变大,周长也相应增加,则沿轴向的纤维之间可能会出现一定的缝隙,缝隙间有可能造成树脂的富集或气袋嵌入的皱褶及条纹,从而造成了管件内表面的缺陷和壁厚的不均匀,从而影响薄壁复合材料弧线管的力学性能。

针对该问题的解决措施是首先确保外模具的强度和刚度,模具内腔尺寸的变化是影响成型压力大小的重要因素,压力过大或过小都将影响成型质量。因此要保证外模具在使用过程中在最大压力作用下不变形,且确保模具内腔尺寸准确;其次在铺层时各层预浸料叠层的包覆压力要均匀,过于松散的压力会造成固化过程中预浸料的弯曲、打折,而过于紧实的压力又会造成固化过程中缝隙的存在;此外,在固化完成前,还应当在阶梯的温度和压力下,从复合材料预浸料包覆层中预吸出一定量的树脂,避免直接升温、加压固化过程中造成树脂的局部富集。

气袋内加压-模压工艺是将复合材料预浸料按照预先设计好的铺层方式包覆在气袋内模和金属外模之间,其中气袋内模装填聚氨酯泡沫模块,用以控制制品的内形面。气袋具有一定的耐热性和优越的柔软性,其延展率可达到 3 倍以上,在 180 ℃高温下持续 60 min 的尺寸变形量小于 2%,在气袋内模内充气膨胀的过程中,会受到复合材料预浸料和外模的限制,产生径向压力并传递给模壁,从而实现对复合材料固化过程的施压。固化完成后,泡沫在高温作用下收缩,可直接从气袋中取出,从而得到中空薄壁的碳纤维复合材料管。

内模气袋需进行封口加工处理,泡沫模块采用现场自发泡。外模模具采用 A3 钢制备。图 3.29 为外径 40 mm,内径 30 mm,弧度为 45°弧线管的模具设计图。模具有自加热装置,可对需要固化的构件进行加热。

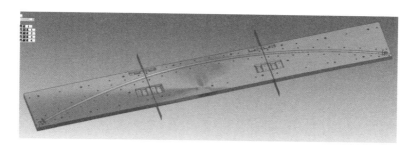

图 3.29　弧线管模具设计方案图

弧线圆管制备的基本过程是:在金属芯模上人工铺贴预浸料,完成后取出芯模放入内模气袋,并在气袋中填入泡沫;然后将直管沿外模弯曲并放入模具,对模具加热、气袋加压固化管材。弧线管的制作工艺流程如图 3.30 所示。

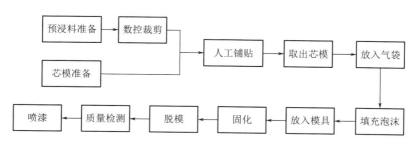

图 3.30　弧线管的制作工艺流程图

3.5.3　复合材料接头工艺设计

复合材料接头的成型工艺主要有铺层/模压成型、铺层/热压罐成型、缠绕/热压罐成型及三维编织/RTM 成型等。针对飞艇桁架中出现的几种接头,本章设计示例采用铺层/模压成型,其工艺流程如图 3.31 所示。

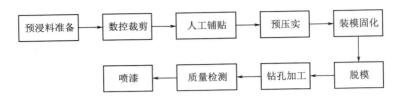

图 3.31　复合材料接头成型工艺流程图

接头工艺设计还包括模具设计,并且是其中最重要的一部分。由于接头的形式复杂,模具也相对复杂,其中一体式连接件类型的模具如图 3.32 所示。

复合材料桁架结构涉及的弧线管、接头都是比较复杂的部件,在实践中应注重理论与实验相结合,以轻质结构为目标,必将促进飞艇和复合材料行业的发展。

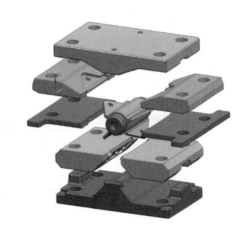

图 3.32　复合材料接头模具设计图

参考文献

[1]　舒恪晟,熊伟,李云仲,等.半硬式临近空间飞艇结构设计技术研究[J].飞机设计,2014,34(2):17-22.

[2]　董博.复合材料及碳纤维复合材料应用现状[J].辽宁化工,2013,42(5):552-554,562.

[3]　朱强,李元章,李云仲,等.低成本复合材料在小型飞艇吊舱上的应用[J].装备环境工程,2015,12(1):110-113.

[4]　韩笑,刘建军,王希杰,等.碳纤维复合材料在通用航空器上的设计与应用[J].军民两用技术与产品,2015(7):8-11.

[5]　谭惠丰,王超,王长国.实现结构轻量化的新型平流层飞艇研究进展[J].航空学报,2010,31(2):257-264.

[6]　章令晖,李甲申,王琦洁,等.航天器用复合材料桁架结构研究进展[J].纤维复合材料,2013(4):62-68.

[7]　周利霖.大型飞艇龙骨缩比模型设计方法研究[D].长沙:国防科学技术大学,2013.

[8]　南波.半硬式平流层飞艇桁架精细化分析与轻量化设计[D].哈尔滨:哈尔滨工业大学,2015.

[9]　王飞,王伟志.半硬式平流层飞艇龙骨结构设计与有限元分析[J].航天返回与遥感,2011,32(4):14-23.

[10]　程家林.层压复合材料连接接头设计及其在大飞机中的应用[J].航空学报,2008,29(3):640-644.

[11]　王琦洁.复合材料连接设计和分析[C]//第17届全国复合材料学术会议(复合材料力学分论坛)论文集.2012:192-195.

[12]　罗锡林.复合材料桁架融合节点设计及其承载性能分析[D].哈尔滨:哈尔滨工业大学,2013.

[13]　张震.一种分析复合材料多螺栓连接件受力的数值解析方法[D].西安:西北工业大学,2004.

[14]　钟天麟,周祝林.碳纤维复合材料圆管性能研究[C]//第15届玻璃钢/复合材料学术年会论文集.2003(3):1-6.

[15]　刘洪斌.CFRP薄管耐撞性参数研究及铺层角度优化设计[D].长沙:湖南大学,2014.

[16]　赵秋艳.复合材料成型工艺的发展[J].航天返回与遥感,1999(1):41-46.

[17]　张洁.复合材料铺层设计准则的一些理解[J].科技创新导报,2013(14):57-58.

[18]　熊波,林国昌,张印桐,等.一种复合材料桁架的制备及弯曲承载性能分析[J].哈尔滨工业大学学报,2014,46(5):46-50.

[19]　熊波.三角截面狭长构型复合材料桁架承载性能分析[D].哈尔滨:哈尔滨工业大学,2012.

[20]　孙洋.碳纤维复合材料连接结构的强度分析及其影响因素[D].哈尔滨:哈尔滨工业大学,2016.

[21]　Sarvestani H Y,Hojjati M. Failure analysis of thick composite curved tubes[J]. Composite Structures,2016,160:1027-1041.

[22]　熊波,罗锡林,谭惠丰.全复合材料桁架扭转刚度分析[J].复合材料学报,2015,32(2):501-507.

[23]　唐菲菲.机织管状立体复合材料的仿真设计及其力学性能的数值分析[D].上海:东华大学,2013.

[24]　Kolesnikov A M. Large bending deformations of pressurized curved tubes[J]. Archives of Mechanics,2011,63:507-516.

[25]　王增加,刘建军,韩笑,等.一种大型碳纤维复合材料桁架结构的设计与研制[J].化工新型材料,2018,46(5):71-74.

[26]　闫照明.复合材料桁架结构热变形分析[D].哈尔滨:哈尔滨工业大学,2007.

[27]　鞠苏,曾竟成,江大志,等.复合材料桁架接头研究进展[J].材料导报,2006,20(12):28-31.

[28]　殷永霞,张芳,谭放.轻型复合材料整体桁架结构研制技术[J].航天制造技术,2014(3):26-30.

第4章 汽车复合材料电池盒设计

4.1 概　　述

随着当代工业技术的飞速发展,节能、环保、安全的新产品成为研究热点目标。轻量化研究是汽车工业近年来的热门问题,比模量高、比强度高、耐腐蚀、可设计性强、综合经济效益好的复合材料,成为汽车轻量化的首选材料,逐渐受到生产商的青睐。常见复合材料主要分为:聚合物基复合材料、金属基复合材料、陶瓷基复合材料等。汽车车身结构及各配件结构使用复合材料是大势所趋。根据法国 JEC 公司 2011 年度调查,汽车上采用的复合材料的重量,现在已经接近整车重量的 6%,且使用比率有望进一步提升。一辆传统动力的汽车如果采用复合材料,其最高占比有望达到整车重量的 20% 左右。2014 年宝马批量化生产的 i3 纯电动车使用了铝合金底盘和碳纤维车身,比传统电动车轻了 300 kg 左右,碳纤维用量占总重的 49.41%。长安汽车研发的首款碳纤维-铝合金混合结构车身已于 2020 年 4 月试制下线。复合材料在汽车上的应用如图 4.1 所示。

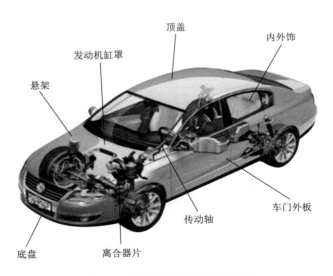

图 4.1　复合材料在汽车上的应用

4.1.1　汽车用复合材料使用现状

高燃油标准一直是推动汽车技术发展的最有效手段。如美国规定,到 2025 年,汽车的平均燃油经济标准必须达到每加仑 54.5 英里(每升 23.17 km),比目前每加仑 35.5 英里提高了近 60%。毫无疑问,减重是汽车制造商寻求提高汽车燃油效率的众多方法之一,而碳纤维增强塑料是最有前景的轻量化材料之一。

美国作为复合材料第一大消耗国,据估算每年复合材料的用量达百万吨。汽车行业中的代表企业通用汽车、福特汽车、戴姆勒·克莱斯勒三大汽车公司以及 Mack、Aero-star 等重型车公司等都是大量消费复合材料的企业。在欧洲,大众熟知的汽车企业 BBA 以及沃尔沃等均大量采用复合材料作为生产原料。

国内复合材料行业发展始于 1958 年,由于受技术的限制,我国的复合材料用量远不及欧美等发达国家。例如 2008 年,我国复合材料年产量达 200 万 t,但汽车行业使用量仅为 13 万 t。

另外,飞行汽车的研制将使复合材料在汽车行业中的应用更加广泛,目前的飞行汽车均使用了复合材料部件,因为只有轻才能发挥汽车飞行的能力。

4.1.2　汽车结构用复合材料

聚合物基复合材料在汽车上的应用主要集中在车身部件、结构件及功能件三个部分。

(1)车身部件:这是聚合物基复合材料在汽车中应用的主要方向,复合材料主要适应车身流线型设计和外观高品质要求。主要应用材料是玻璃纤维增强热固性塑料,典型成型工艺有:压制、挤压、手糊/喷射和树脂传递模塑 RTM 等。

(2)结构件:包括前端支架、保险杠桁架、座椅桁架、地板等,其目的在于提高制件的设计自由度、多功能性和完整性。主要使用高强玻璃钢复合材料、玻璃纤维增强热塑性塑料、长纤维增强热塑性材料等。

(3)功能件:其主要特点是要求耐高温、耐油腐蚀,以发动机及发动机周边部件为主。传统设计中,这类部件均选用金属材料制造。复合材料开始被大量用于汽车发动机部件后,进气歧管、油底壳、空滤器盖、齿轮室盖、导风罩、进气管护板、风扇叶片、风扇导风圈、加热器盖板、水箱部件、出水口外壳、水泵涡轮、发动机隔音板等零部件也逐渐开始使用复合材料,主要应用材料与结构件类似。

4.1.3　常见聚合物基复合材料在汽车上的应用

聚合物基复合材料主要依靠增强纤维承载。纤维增强塑料(FRP)不仅质量轻、比强度高、耐腐蚀性好、生产工序简单,且能实现大批量生产,因而生产效率高,成本较低。此外,FRP 还可借助工艺成型优势,一次性成型复杂结构零件。如福特汽车通过将汽车发动机盖改成模塑件,可有效整合原来的 11 个金属部件,大大简化了生产过程。

1. 玻璃纤维增强塑料(GFRP)

玻璃纤维增强塑料(GFRP)俗称玻璃钢,它不仅质量稳定、原料资源丰富、成本低,而且吸收冲击能量的性能、耐腐蚀性能较好、降低噪声的效果良好,且设计灵活,因此是目前汽车上最常用的聚合物基复合材料。GFRP 主要用于发动机、发动机周边部件及车身。

美国通用汽车公司从 1990 年开始用玻璃钢制造轿车发动机气门罩、发动机壳,随后车上各种零件的制造也开始使用玻璃钢,效果良好。此外,玻璃钢还可用于车身结构件(如桁架、梁、柱等)、覆盖件(如格栅、前翼子板、顶盖、车门、行李箱盖、后侧板等)以及保险杠、油箱等,也可以用于整个车身壳体,如美国的雪佛兰子弹头、东风客车的 DHZ6122HR 高速客车等都是采用全玻璃钢车身制造。从减轻汽车自重来看,采用玻璃钢代替钢材已成为车身结构发展的必然趋势。

在国内,大、中型豪华客车中应用玻璃钢较多,如西沃、郑州宇通、福田欧 V 等等,涉及相关部件有前后围、前后保险杠、翼子板、轮护板、裙板(侧围板)、后视镜、仪表板、仓门板等。小型客车中用量相对较少,如南京依维柯 S 系列车的 SMC 前保险杠、硬顶以及 BMC 前大灯反射罩。但是相比于国外更成熟的技术,国内生产的汽车用玻璃钢部件较少,且大部分都是用手糊或 RTM 生产,劳动生产率低,产品档次有待提高。

2. 碳纤维增强复合材料(CFRP)

碳纤维增强复合材料具有足够的强度、刚度及优良的综合性能。同等体积的碳纤维增强复合材料,其质量小于钢结构质量的三分之一,是制造汽车车身、车底盘、发动机零件等主要结构的首选材料,可有效降低汽车自重并提高汽车综合性能。CFRP 常用于制造汽车车身、车底盘及发动机零件等,可有效降低汽车自重并提高汽车综合性能。如用 CFRP 制造的板簧零件强度高、模量大、热膨胀系数小、耐磨性好,质量只有 14 kg,比现有材质质量减轻 76%;福特公司用碳纤维增强复合材料制造的车门斜铰链系统,保证了在车门打开时不需要附加支撑。另外,碳纤维增强复合材料传动轴、碳纤维增强复合材料汽车座椅加热装置也在推广使用。

由于应用初期碳纤维增强复合材料成本较高,使得 CFRP 在汽车上的使用有所受限,仅在一些 F1 赛车、高级轿车等小批量生产、售价较高的车型上应用,如福特公司的 GT40 车身,保时捷 911 GT3 承载式车身等。如今,复合材料相关技术的突破,使得碳纤维增强复合材料的成本大大降低,在未来汽车领域的应用更加宽广。我国在碳纤维增强复合材料应用于汽车制造方面也取得明显突破,打破了日本在亚洲市场的垄断。

3. 芳纶纤维增强复合材料

芳纶纤维增强复合材料由于价格高,仅在航空航天、舰船领域有应用,在汽车上的应用还不多,主要用于汽车上的轮胎帘子线、高压软管、摩擦材料、高压气瓶等。作为高性能防护材料,芳纶纤维还可用作汽车防弹装甲,例如汽车门及汽车外壳的防弹内衬。意大利 ETR500 高速列车的车头前突部分采用了芳纶纤维增强柔性环氧乙烯基酯树脂复合材料,使车头具有优异的抗冲击能力。近年来我国相继成功开发了多种型号的芳纶纤维复合材料用于运钞车和防暴车,还研制了透明防弹板和人体防弹材料,用于汽车观察部位和驾驶员自身防护。

4.1.4 复合材料在汽车行业应用展望

复合材料在汽车行业的应用,主要集中在传统汽车领域和新能源汽车领域。在传统汽车领域,目前欧洲更多车型采用热塑固件,这种复合材料更容易循环处理和使用,综合效果比普通的热固件效果更好。在新能源汽车领域,欧洲的一些研发机构正在积极探索复合材料的应用。在电动车中采用碳纤维复合材料底盘,同传统材料底盘的车型相比,至少减轻 300 kg。

复合材料在汽车上的应用首先是解决成本问题,性价比高的产品才能在市场上有竞争力。碳纤维增强复合材料的成本比玻璃纤维增强复合材料的成本高,但只采用玻璃纤维增强复合材料可能又无法满足刚度要求,因此可综合成本、性能来设计可行方案。

其次是需解决复合材料的修复问题。因汽车的碰撞时有发生,复合材料的修复比金属材料困难,纤维的破断影响整体结构的性能。需建立合理的修复方案,尽量减少修补带来的性能损失,并保证修理费用低廉。

最后是车用复合材料的回收利用。汽车的更新换代非常快,复合材料如果不能再次利用,将成为新的污染源。热塑性复合材料在这方面具有优势,也符合车用复合材料的应用趋势。

4.2　汽车复合材料电池盒结构特点

动力电池是新能源汽车的核心部件,电池的安全可靠是保障汽车正常使用的基本条件。而电池盒是包裹在电池组的最外层结构,可起到对电池的机械性保护,并且封装便利。

传统电动汽车的电池盒大多采用铝合金、铸铁等金属材料,将复合材料应用在电池盒的制造中能很好地满足汽车轻量化的设计要求。典型车用 T 形电池盒如图 4.2 所示,电池位于上壳体和下托盘的包裹中。

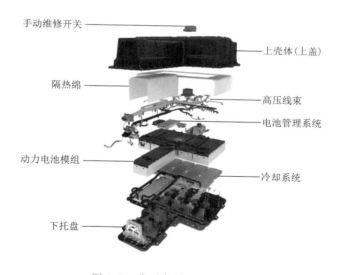

图 4.2　典型车用 T 形电池盒

4.2.1　电池盒材料的选择

纯电动汽车的动力电池一般布置于车身地板下部。为保证电动汽车行驶的安全性,需要确保动力电池的密封性能及其零部件的阻燃等级。动力电池上盖直接影响动力电池的密封性能及燃烧特性,与动力电池安全性密切相关。传统汽车车型(如特斯拉、宝马 I3)的动力电池上盖大多采用金属材料。

金属材料汽车电池盒虽然成本低,但是始终存在腐蚀问题,而复合材料则是解决这类问题的一个突破口(如通用汽车公司为 2014 Chevrolet Spark BEV 设计的一款高度耐用的复合材料电池外壳)。另外,复合材料的成型工艺特点,更适合应用于结构复杂的电池盒制造。

4.2.2 聚合物基复合材料的选择

纤维增强复合材料由增强纤维和聚合物基体组成,聚合物基体材料的选择会影响复合材料的性能及成型工艺的确定,聚合物基体选型应遵循以下原则:

(1)聚合物基体应与纤维表面有良好的结合力;

(2)聚合物基体与纤维的弹性模量及断裂收缩率匹配。

4.2.3 车身设计预留安装空间

车用电池盒的设计与车身设计预留空间、电池总容量需求、电芯性能参数等因素直接相关。电池盒作为提供电池包机械支撑和包覆作用的保护装置,其大小和外形与电池包从电芯、模组到电池包的成型过程密切相关,其中涉及电芯型号、模组大小、连接形式等。

设计车身时会留有电池安装空间,根据不同车型及尺寸特点,车身预留位置和预留空间大小不同。图 4.3(a)所示为一种电池整块分布模式,在车身底部预留出一块方形区域专门用于安装电池,典型代表为特斯拉 MODELS,如图 4.3(b)。MODELs 整块电池由 16 组电池组串联,每组 444 节电池,约有 7 104 节 18650 锂电池。

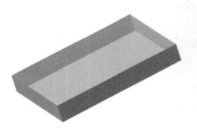 

　　　　（a）整块安装空间　　　　　　　　　　（b）MODELs纽扣电池组

图 4.3　电池整块安装

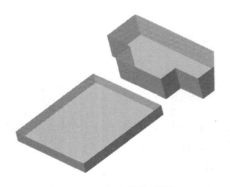

图 4.4　电池分块安装

图 4.4 所示的分块安装电池盒预留空间,由车身底部方形区域和车厢后部 T 形区域两部分组成,车型代表有 ZKLF620 纯电动汽车。其高模组位于车厢后座下方,纵向留有较大高度,有利于模组的叠层装配。而车厢底面踏板下方预留空间面积虽然较大,但高度较小,因此模块设计只能通过减少电芯的串数来达到降低模块高度的要求。

4.2.4　电池总容量与输出电压、电流等参数

车辆等速行驶需求功率 P 和电池总容量 W 可以表示为

$$P = \frac{v_{\max}}{3\,600\eta}\Big(M \cdot g \cdot f + \frac{C_D A}{21.15}v_{\max}^2\Big) \tag{4.1}$$

$$W = \frac{LP}{v\eta} \tag{4.2}$$

式中　P——等速行驶需求功率,kW;

$v_{\max}$——最高行驶速度,km/h;

η——传动总效率;

M——整车质量,kg;

g——重力加速度,m/s^2;

f——滚动阻力系数;

C_D——迎风阻力系数;

A——迎风面积,m^2;

W——电池总容量,kW·h;

L——续航里程,km;

v——车辆等速行驶速度,km/h。

蓄电池的能量计算可简化为

$$W = C \cdot U \cdot n \cdot \mathrm{DoD} \tag{4.3}$$

式中　C——单个电池组容量,A·h;

U——单电池电压,V;

n——电池组数目;

DoD——放电深度。

表 4.1 中是常见车型所用电池的总容量及续航能力。

表 4.1　常见车型电池容量及续航里程

	上汽荣威 ERX5	帝豪	比亚迪 e6(新)	北汽 EU260	特斯拉 MODELs
电池容量/(kW·h)	48.3	41	91	41.4	90
续航里程/km	320	300	450	260	557

1. 额定电压及电压应用范围

参照《电动车辆高压系统电压等级》(GB/T 31466—2015),高速电动车辆动力电池系统的额定电压可选择 144 V、288 V、320 V、346 V、400 V、576 V 等。对于微型低速电动车辆动力电池系统的额定电压等级,100 V 以下主要以 48 V、60 V、72 V 和 96 V 为主。

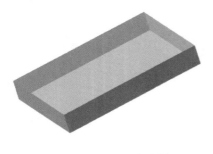

图 4.5　车身预留空间

2. 电池组数目

以电动汽车的最大消耗功率来计算电池组数目:

$$n = \frac{P_{emax}}{P_{bmax} \eta_e \eta_{ec} N} \qquad (4.4)$$

式中　　P_{emax}——汽车最高耗散功率;

　　　　P_{bmax}——单个电池的最大输出功率;

　　　　η_e——电动机的工作效率;

　　　　η_{ec}——电机转换效率;

　　　　N——单个电池组所包含的电池数目。

4.3　汽车复合材料电池盒结构设计

4.3.1　总体布局

本章设计示例采用类似于特斯拉 MODELs 的安装模式,电池组位于整个轿厢正下方,预留空间如图 4.5 所示。预留安装空间尺寸 2 000×1 500×180 mm,电池电压 313 V,电池容量 62 kW·h。

本设计采用平纹玻璃纤维布,基体选用酚醛环氧树脂,该树脂具有良好的成型性能、机械性能和突出的粘接性,能满足设计需求。

根据电池模块的形状和布置方式,结合动力电池在车身上的位置,本着尽量利用空间的原则,本章设计示例的电池盒(上壳体及下托盘)的外包络设计为接近方形的箱体结构。主体结构层以玻璃纤维布铺成,并且注以树脂作为基体,在箱体与车身等的连接处使用了金属接头,主体结构层与金属接头之间采用胶接形式连接。

电池模组在电池盒中依靠隔槽及相关金属连接结构固定于箱体内,隔槽为 U 形凸起,增加了电池盒的刚度和强度,也保证了盒内电池包的安全性。考虑成型工艺的可行性,在箱体外侧没有设计加强筋。电池盒采用了 U 形凸起对结构进行加强,鉴于生产工艺的复杂程度,结构凸起处做等厚设计,电池盒整体上为一等厚壳体。

4.3.2　电芯类型及型号

1. 电芯型号选择

动力电池单体即电芯,按正极材料来分,主要包括钴酸锂、锰酸锂、磷酸铁锂以及镍钴锰酸锂三元材料等。经查阅资料得到不同材料电芯基本性质见表 4.2。

表 4.2　电芯分类及其相关性能

性能	LFP	LMO	LTO	LCO	NCA	NCM
能量密度/(W·h·kg⁻¹)	80~130	105~120	70	120~150	80~220	140~180
功率密度/(W·kg⁻¹)	1 400~2 400	1 000	750	600	1 500~1 900	500~3 000

续表

性能	LFP	LMO	LTO	LCO	NCA	NCM
单体电压/V	3.2～3.3	3.8	2.2～2.3	3.6～3.8	3.6	3.6～3.7
循环寿命/次	1 000～2 000	＞500	＞4 000	＞700	＞1 000	1 000～4 000
工作温度/℃	−20～+60	−20～+60	−40～+60	−20～+60	−20～+60	−20～+55

2. 电芯类型选择

电芯按其封装体系不同分为方形电芯、圆柱形电芯和软包电芯,见表 4.3。考虑电池使用过程中翻转、移动等不稳定性因素,方形电芯以高能量密度、高倍率、一致性好等优点被广泛应用;圆柱形电芯因其流水制造方便,成本低,在市场中也占很大比重;而软包电芯因其尺寸变换灵活,能综合利用空间等优点,也占了相当大的份额。

表 4.3　电芯类型分类、优缺点及应用

	方形电芯	圆柱形电芯	软包电芯
优缺点及应用			
优　点	散热好,成组易设计,更安全	成本较低,小尺寸成组灵活,适合流水生产	尺寸变化灵活,成本低,能量密度大
缺　点	成本较高,尺寸变化需要开模	大尺寸散热设计难度大	散热设计难度大,机械强度差,封口工艺难,成组结构复杂
应用车型	大众 e-GOLF,奥迪 Q5 混动版,宝马 X5/X6 PHEV 等	特斯拉 MODEL 系列	日产 LEAF(2016),福特 FO-CUS EV,沃尔沃 V60 PHEV 等

国内两大动力电池生产商比亚迪(BYD)与宁德时代(CATL)生产的动力电池电芯绝大多数为方形电芯。如应用于比亚迪唐、秦、e6 等车型的均为正极材料为磷酸铁锂的方形电池。宁德时代生产的应用于宇通混合动力客车、吉利帝豪 EV 等车型的正极材料为三元的方形电池。本章设计示例亦采用方形电池。

4.3.3　电池模组设计

动力电池模组是指动力电池单体经由串并联方式组合并加保护线路板及外壳后,能够直接提供电能的组合体,是组成动力电池系统的次级结构之一。电池模组封装形式与电芯的选择及占用空间大小有关,设计时应综合考虑电池包的总容量和电池额定功率,确定电池的串、并联数目,最后再确定电池的封装方法。图 4.6 是日产 Nissan Leaf E-Plus 的电池包,电量为 64 kW·h,整个电池包由 288PCS 电芯组合而成,采用了 3P9S、3P4S、3P7S 三种规格模组。

图 4.6　电池模组

常见的模组可根据电芯与导电母排的连接方式分成焊接、螺接、机械压接三种类型。

1. 焊接形式

应用于电池模组的焊接工艺(见图 4.7)主要有激光焊接、超声波焊接和电阻焊。其中,激光焊配合工业机器人正在逐步成为自动化模组生产线的主力。焊接工艺的效率高,易于实现自动化生产。在不断改进焊接工艺,减小成型过程中的热影响以后,焊接工艺在实际生产中的应用也越来越多。

(a) 18650圆柱形　　　　　(b) 软包电芯　　　　　(c) 方形电芯

图 4.7　焊接形式的电池模组

2. 螺接形式

螺接是用防松螺钉固定电芯与母排之间的连接(见图 4.8)。这种形式的工艺比较简单,主要应用于单体容量比较大的电池系统中,尤其方形电池中螺接形式比较多。

(a) 18650圆柱形电芯　　　　　(b) 软包电芯　　　　　(c) 方形电芯

图 4.8　螺接形式的电池模组

3. 机械压接形式

机械压接形式(见图4.9)依靠导电件的弹性变形保持电池与回路的电连接,占用空间略大,导致能量密度受到影响,但其优势也显而易见:电池在多次利用中,拆解方便,获得完整电芯的可能性高。

（a）18650圆柱形电芯　　　　　　　　　（b）软包电芯

图4.9　机械压接形式的电池模组

三种连接方式比较结果见表4.4。

表4.4　三种连接方式模组对比

优缺点	焊　接	螺　接	机械压接
优　点	连接电阻小,储电效率高,生产效率提升空间大	适用于大型电池,导电能力强	拆卸灵活,便于回收
缺　点	不易拆卸	效率低	组装效率低

本章设计示例采用能量密度大、拆卸灵活且便于回收的机械压接形式,阻抗远小于螺栓连接,且在使用或搬运过程中避免了螺栓连接中出现的螺栓松动,能量密度高,研究价值更大。

4.3.4　连接、固定与安装设计

电池盒与整车之间的固定方式采用螺栓连接,所以在设计电池盒上下箱体时采用翻边设计,如图4.10所示,翻边的作用不仅用来连接上下箱体,而且可在左右布置整车固定位。为避免复合材料电池盒边缘出现较大的局部应力,电池盒上的螺栓孔应尽量对称分布。

电池盒必须留有输入、输出的接口用来对电池充电以及输送电力至传动系统。另外由于汽车行驶的环境复杂,必须保障电池盒的密封

图4.10　Chevy Spark BEV电池盒

防水,因此上、下箱体的翻边边缘处应设有密封圈保证密封性要求。

4.3.5 电池管理系统(BMS)空间

　　一般大型用电设备(公共汽车、大货车等)的电池盒为方形,需要在电池盒方形区域内单独划出部分区域[见图 4.11(a)]用来放置电池管理系统(BMS),从箱体壁受力分布均匀考虑,一般 BMS 位于中间部位。而一般轿车底盘空间受前后车轮影响,在前后两端的空间呈不规则形状,此时可将 BMS 布置于前轮附近不规则形状空间内,将规则区域留给电池模组的安装,如图 4.11(b)所示。

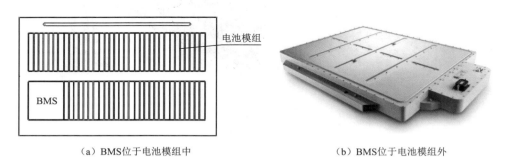

(a) BMS位于电池模组中　　　　　　　　　　(b) BMS位于电池模组外

图 4.11　电池管理系统 BMS 位置

4.3.6 散热

　　电池的性能及使用寿命很大程度上取决于散热系统。不同的电池盒结构及不同的储、放电能力的电池,应该有属于自己的散热系统。在电池盒结构设计时应充分考虑电池的散热及空间布置问题,在布局设计时就保留充足的空间。

　　如图 4.12 所示,MODELs 使用的是松下定制的 18650 锂电池,即普通笔记本计算机的锂电池,众多 18650 锂电池构成单体电池包,再由电池包合成电池组,并由 16 组电池组连接成电池板。汽车电池热管理系统采用的是 Roadster 纯电动汽车液冷式电池热管理系统。电池热管理系统的冷却液为 50% 水与 50% 乙二醇混合物,这是为了避免在低温环境下工作时液体结冰。

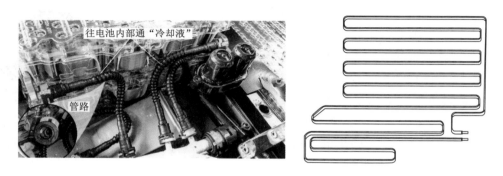

图 4.12　MODELs 冷却管道及其布置方式

本章设计示例采用机械压接方式的电池模组,电芯采用软包类型,为简化分析,参考雷诺 ZOE 的电池包散热方式,如图 4.13 所示,采用 HEV 车型的风冷热管理系统,冷却空气由中间孔进,两边孔出。

4.3.7　结构增强

无论从电池盒在车身中固定的角度,还是从结构强度分析角度来看,电池盒的壁板,尤其是上、下壁板设计为平整的平面是不理想的结构。首先从电池盒在车身的位置上看,不同的预留空间要求不同的电池盒外形,这就在结构上使电池盒更加复杂,在外壳上布置一些相应方向的加强筋(见图 4.14)能有效提高电池盒刚度,避免了在较小外部载荷作用下电池盒的变形。

图 4.13　雷诺 ZOE 电池包散热

图 4.14　某电池盒外壳加强结构

其次,由于电池模组放置在下箱体上,下箱体承受了电池包的所有重量,所以在下箱体设计时,加强筋的作用尤为重要。同时,在下箱体结构设计时,应该考虑在模组间设计筋条用来固定电池模组,防止运动过程中的模组发生相互冲撞。

4.3.8　密封设计

为保证涂胶面的平整度,以确保电池上盖与电池下箱体间的密封效果,需要在上盖边缘粘贴铝条,提供一定高度的涂胶槽,如图 4.15 所示。在保证密封可靠性的同时,粘贴铝条还可提升上盖翻边的刚度。

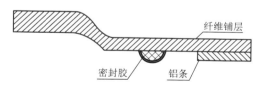

图 4.15　密封结构形式

4.3.9　本章设计示例的结构设计

1. 电池系统配置

（1）单体并联后串联

单体先并联后再串联是典型的串并联应用模式,由于最小单元在 3.2～3.7 V 范围内,整个电流支路均衡压差比较小。采用单体并联后再串联的设计优势是:电池的熔丝设计相对容易,电池采样通道数量较少,BMS 的成本和复杂程度低,电池自均衡在单体级别电流支路;设计难点是各单体的电流密度、熔断特性需要一致。

(2)单体串联后并联

单体串联成模组后再进行并联的方式一般应用于较大的储能单元,如储能站、大巴车等,效果比较好。并联过程中可以采取整包并联模式,复用预充和配电盒,使得整个连接更为可控。

本章设计示例采用单体并联后再串联方式,每个模组由 b 块电芯串联,整个电池包由 a 个模组并联而成(见图 4.16)。由输出电压为 62 kW·h 可得 $b=100$;由电池容量 $W=313\times a\times 20$ 可得 $a=10$。

2. 电池盒结构

一个电池模组尺寸为 250 mm×180 mm×700 mm。根据预留空间大小,采用双排布置,每排 5 个模组,设计的电池盒和上盖如图 4.17 所示。

图 4.16　电池包占位图　　　　　　　图 4.17　电池盒结构

4.4　汽车复合材料电池盒力学性能分析

4.4.1　汽车复合材料电池盒静强度分析

电池盒是电动车上的核心部件,在车辆行驶过程中会遇到多种形式的载荷。为了保证内部电池的安全性,并综合考虑对零部件设计减重、低成本、节能、防腐等要求,以及顺应防污染、防噪声的趋势,电池盒(箱体)材料应具备以下属性:良好的力学性能、良好的连接性能、良好的成型加工性能和良好的喷涂性能。

所设计的电池盒除连接用螺栓外,其余结构均采用玻璃纤维增强复合材料成型。不同的铺层方向、厚度及纤维选择均对结构性能有一定影响。综合考虑各部件的受力情况及结构空间的限制等,确定各部分厚度见表 4.5。

表 4.5 电池盒各部件所选材料及厚度

部 件	材 料	厚度/mm
上盖(上壳体)	复合材料	2.4
盒体(下托盘)	复合材料	4.8

不同工况下静力分析

采用玻璃纤维复合材料制备电池盒(箱体),参数见表 4.6。

下托盘共铺 24 层,纤维方向为 $[0/90/\pm45/0/90_2/0/\pm45/90/0]$s。上壳体共铺 12 层,纤维方向为 $[0/90/\pm45/0/90_2/0/\pm45/90/0]$。单层材料厚度为 0.2 mm,在有限元中可实现铺层的设置。

表 4.6 玻璃纤维复合材料性能参数

性能参数		数值
弹性模量	E_1/MPa	40 000
	E_2/MPa	10 000
	E_3/MPa	10 000
泊松比	v_{12}	0.3
	v_{13}	0.3
	v_{23}	0.4
剪切模量	G_{12}/MPa	5 000
	G_{13}/MPa	5 000
	G_{23}/MPa	3 800

工况一:颠簸

设电池盒内部电池模组的总重为 $m=200$ kg。汽车行驶过程中遇到路面不平的情况时有发生,此时汽车结构部件在垂直方向上做瞬时的自由落体运动。

载荷分析:假设在完成颠簸的瞬间,作用在电池盒下托盘托板上的极限载荷为 $2mg$(g 为重力加速度)。利用 ABAQUS 建立下托盘的有限元模型,校核电池盒下托盘的瞬时静强度。假设在该极限载荷作用时,电池盒与汽车车身连接良好,属于固定连接,模型中下托盘四周采用固定约束。颠簸时电池下托盘的 Von-Mises 应力模拟结果如图 4.18 所示。

图 4.18 颠簸时电池下托盘的 Von-Mises 应力云图

工况二:弯曲

车辆在行驶过程中,极限情况下可能遇到电池盒底部某一斜对角腾空,此时均布在电池盒上的电池模组重量会对电池下托盘作用有弯矩。

载荷分析:电池下托盘仅受箱体内部电池模组的重力作用,下托盘的边界条件设置为某一对角固定,其他自由。电池下托盘弯曲时的 Von-Mises 应力模拟结果如图 4.19 所示。

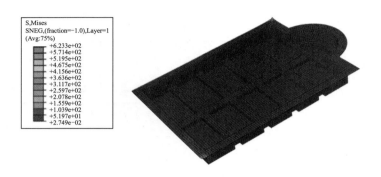

图 4.19　电池下托盘弯曲时的 Von-Mises 应力云图

工况三:刹车

汽车行驶过程中经常会因紧急情况而采取刹车措施,此时箱体内部的电池模组除垂直作用 $1mg$ 大小的力于下托盘,还有一个惯性力作用在电池盒前侧板。

载荷分析:假设极限条件下作用在电池盒(下托盘)前侧板上的惯性力大小为 $1mg$,电池模组对下托盘垂直方向的作用力为 $1mg$。刹车时电池下托盘的 Von-Mises 应力模拟结果如图 4.20 所示。

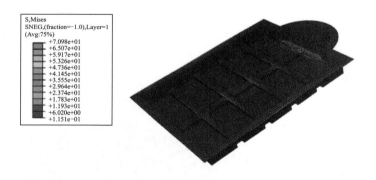

图 4.20　刹车时电池下托盘的 Von-Mises 应力云图

从应力云图可看出,在这种工况下,电池盒下托盘的危险部位在电池盒前侧。

工况四:转弯

汽车驾驶过程中常遇急弯,以较高速度通过急弯时,在朝向弯道外侧会有相应的离心力。

载荷分析:假设极限载荷下,电池模组以 $0.5mg$ 大小的离心力作用于电池盒位于弯道外侧的侧壁板。另外,重力仍然作用在下托盘上。下托盘的 Von-Mises 应力模拟结果如图 4.21 所示。

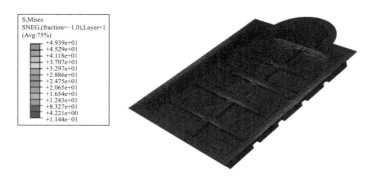

图 4.21　转弯时电池下托盘的 Von-Mises 应力云图

4.4.2　汽车复合材料电池盒碰撞分析

电池盒在车辆发生碰撞时,应满足下列要求:

(1)若动力蓄电池组固定在乘员厢的外部,则动力蓄电池组的某些部件如电池模块、电解液、正负极连接线等不得进入乘员厢内。

(2)若动力蓄电池组固定在乘员厢内部,如座椅下面,则电池盒的移动必须保证车内乘员的安全。通常电池盒的设计优先考虑人电分离,即动力电池盒不设在乘员厢内。

(3)如果发生碰撞,电池模块要保证其结构的完整性,即碰撞时禁止电池盒内电池模块或单体散落,更不允许甩出车外。

(4)如果发生碰撞,电池组的过流断开装置必须迅速切断连接,阻止动力电池组发生内部短路。

(5)如果发生碰撞,电池盒的刚度要确保电池模块或电池单体产生的挤压变形量在一定的安全范围之内。

电池盒外壳的设计强度应满足上述(5)的要求,严格控制设计壁厚。另外,在外力作用或汽车行驶路面因素导致颠簸时,电池盒中的电芯单体及电池模组均应保持它们独立完整的结构。外力碰撞会引起电池组相互挤压,需要隔板有足够的强度。固定结构作为动力电池盒与车身的关键连接部分,其结构强度必须严格控制。固定结构在动态载荷作用时发挥承载主导作用。箱体底部设置纵向或横向加强筋,安装固定后可增加车身整体的刚度、强度。在电池模组之间的连接以及电池盒与车身之间的连接中,可采取局部加厚措施。如采用螺栓紧固的连接方式,应综合考虑动力电池组质量、碰撞加速度及接合面摩擦系数等因素来确定螺栓具体的规格型号。固定点的选取原则是尽可能均匀对称布置,保证各螺栓较平均地承受载荷,推荐安装固定点 6～10 个。

1. 正碰撞

为了研究防撞结构的碰撞响应,采用 ABAQUS 显式有限元分析对碰撞过程进行模拟。建立电池盒的几何模型,设置为 part 1,为方便应用及计算,可在单元选择时采用失效单元。材料选用 Hashin 准则定义失效模式,应力水平达到强度值时默认单元失效。Hashin 准则使用的材料强度见表 4.7。最大网格尺寸不大于 30 mm,另建立一个刚体圆柱体,编号为

part 2,设置 part 1 初始速度为 4 443 mm/s,并求解。正碰撞模拟的模型如图 4.22 所示。

表 4.7　玻璃纤维复合材料强度参数(单位:MPa)

X_T	X_C	Y_T	Y_C	Z_T	Z_C	$S_{XY}=S_{XZ}$	S_{YZ}
600	600	500	500	500	500	100	100

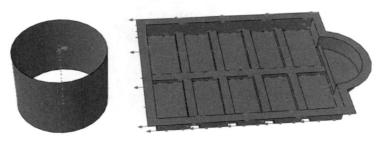

图 4.22　碰撞分析有限元模型

读取 odb 结果文件,进入后处理分析,下托盘正碰撞的 Von-mises 应力模拟结果如图 4.23 所示。

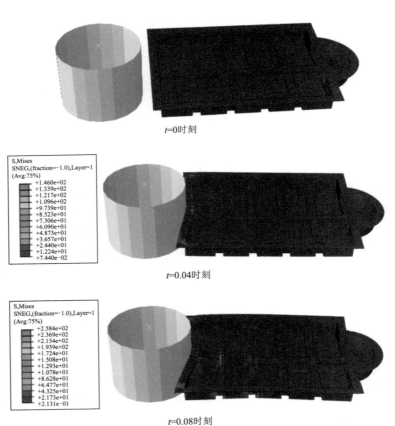

图 4.23　正碰撞的 Von-Mises 应力云图

2. 侧碰撞

　　侧碰撞采用与正碰撞相同大小的初始速度,定义电池盒下托盘与刚体的间距大于正碰撞时的间距,下托盘侧碰撞的 Von-Mises 应力模拟结果如图 4.24 所示。

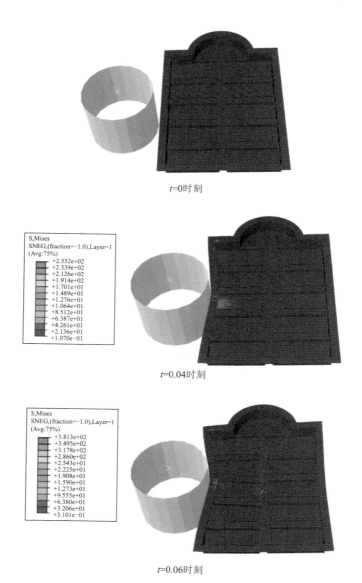

图 4.24　侧碰撞的 Von-Mises 应力云图

4.4.3　汽车复合材料电池盒跌落分析

　　在生产、运输过程中,意外情况的发生有可能损坏产品结构。仿真模拟电池盒跌落到刚性地面的工况,可以预报电池盒的损伤程度。

1. 正跌落

在生产及搬运过程中,因操作不慎,电池盒从半米高处自由落体撞击地面,采用正跌落模拟。下托盘正跌落的模拟结果列于图 4.25 所示。开始跌落后,由于重力和内部惯性力的作用,会产生较大应力。

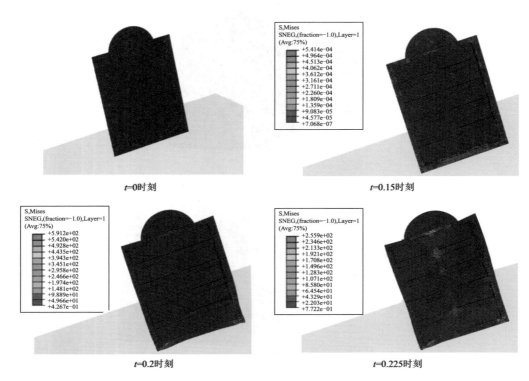

图 4.25　正跌落过程的 Von-Mises 应力云图

2. 斜(45°)跌落

电池盒跌落的发生一般伴随着旋转,由端部尖角触底带来的危险更高,采用斜(45°)跌落进行模拟。下托盘斜(45°)跌落模拟结果如图 4.26 所示。

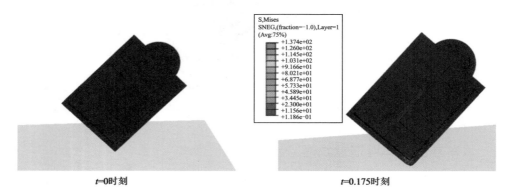

图 4.26　斜(45°)跌落过程的 Von-Mises 应力云图

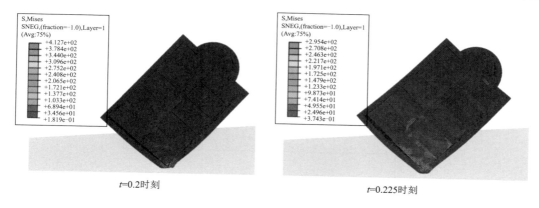

$t=0.2$时刻　　　　　　　　　　　$t=0.225$时刻

图 4.26　斜(45°)跌落过程的 Von-Mises 应力云图(续)

4.5　汽车复合材料电池盒工艺设计

复合材料成型工艺的发展直接影响复合材料技术的发展及在工业技术上的应用。玻璃纤维复合材料的加工成型工艺有很多,如液体成型、拉挤成型、模压成型、缠绕成型及铺放成型等。不同的成型加工技术会直接导致产品性能差别,以及决定结构成型的可行性。其中适用于玻璃纤维电池箱体的加工工艺有模压、真空辅助树脂传递模塑(VARI)、树脂传递模塑(RTM)等。模压、RTM 工艺适用于零件大批量生产的情况。连续纤维增强复合材料成型一般与制品几乎同步,免去了传统制造过程中的烦琐步骤,也为节约原材料提供了基础。随机分布短纤维增强复合材料由短纤维制成各种形式的预混料,然后进行挤压、模塑成型。从制造工艺上看,传统的复合材料成型工艺在汽车工业上均适用。

4.5.1　成型工艺选择

树脂传递模塑(RTM)是在一定的温度、压力下,采用注射设备将专用低黏度树脂体系注入预先置有按性能和结构要求设计好的增强材料预制体的模具型腔中,浸润其中的增强材料,然后固化成型制备复合材料的工艺。RTM 工艺具有产品质量好、生产效率高、易于生产大型整体复合材料构件等优点,近年来广泛用于航空航天、汽车工业、军事工业等领域。

VARI 工艺是 RTM 工艺的改进,成型时模具是封闭的,将预制体放置在单面刚性模具中,以柔性真空袋膜包覆、密封纤维增强材料,通过真空辅助导入树脂使复合材料成型。VARI 工艺原理是利用真空负压排除模腔中的气体,并通过真空负压驱动树脂流动而实现树脂对纤维及其织物的浸渍。VARI 工艺是一种一步成型的工艺方法,具有一些其他传统工艺无法比拟的优点:①复合材料构件的大小不受限制;②构件的整体性能良好;③成型工艺周期短;④设备和工艺成本低;⑤基本上不会对环境造成污染。

VARI 工艺成型的示意图如图 4.27 所示。VARI 工艺所需的模具成本较低,成型产品的纤维含量较高,但成型的整个过程耗时长,适用于批量要求小、成本低的零件生产。

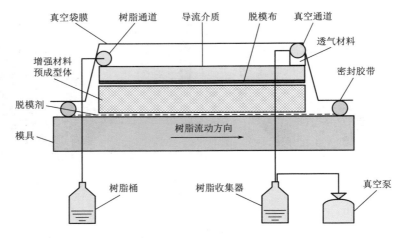

图 4.27 VARI 成型示意图

根据零件的产量及成本等要求,本章设计示例选择了 VARI 工艺制造电池盒。

4.5.2 成型工艺方案

电池盒的工艺方案采用阳模为成型模具,表面进行高光或者亚光处理。具体步骤为:

(1)在模具上涂抹脱模剂,使产品易于脱模;

(2)裁剪织物,并在模具中进行铺放;

(3)放置导流网,使树脂易于流动;

(4)抽真空并灌入树脂;

(5)放入干燥箱中加热,按树脂固化要求设定固化温度;

(6)脱模及加工处理,检查产品质量。

采用 VARI 工艺制造电池盒的流程如图 4.28 所示。

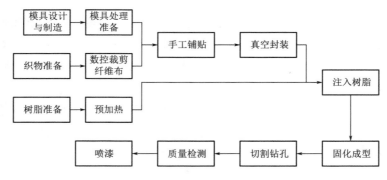

图 4.28 VARI 成型工艺流程

4.5.3 复合材料电池盒工艺

复合材料汽车电池盒采用 VARI 成型工艺制备,根据预先的有限元模拟,为了能够满足安放电池后的刚度值,复合材料汽车电池盒下托板厚度设计为 4.8 mm,上盖板的厚度设计为 2.4 mm。

1. 成型模具

该工艺首先应设计加工模具,模具采用合金模具钢整体制造。结合 VARI 成型工艺,考虑模具设计为平滑的单面钢模。图 4.29 和图 4.30 为模具示意图。经过机加工后的模具表面要镀铬以保证光滑度,并且还附有一层防锈油,在模具使用前需要去油污处理,以免影响产品质量。

图 4.29 电池盒下托盘模具   图 4.30 电池盒上壳体模具

2. 注胶方案

采用 PAM-RTM 软件实现电池盒 VARI 工艺成型过程树脂流道模拟分析,可提前了解设计的树脂流道所对应的树脂压力梯度及可能存在的干斑、孔隙等制造缺陷,从而确定出最佳的注胶方案。针对电池盒结构件的特点及图 4.29 所示成型模具条件,分别设计了四种注胶方案,如图 4.31 所示。其中方案一采用左侧平行长边注胶,右侧平行长边出胶;方案二采用周围边线注胶,箱底中心出胶;方案三采用周围四边中心注胶,箱底中心出胶;方案四采用两侧平行长边注胶,箱底中线出胶。四种方案模拟得到的注胶时间云图及树脂压力云图分别如图 4.32 及图 4.33 所示。

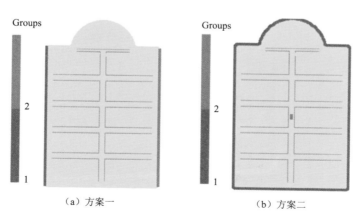

（a）方案一   （b）方案二

图 4.31 注胶方案设计

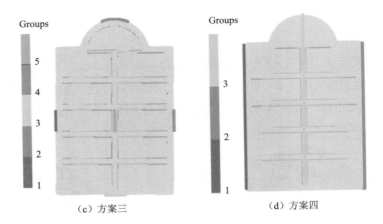

（c）方案三　　　　　　　　（d）方案四

图 4.31　注胶方案设计（续）

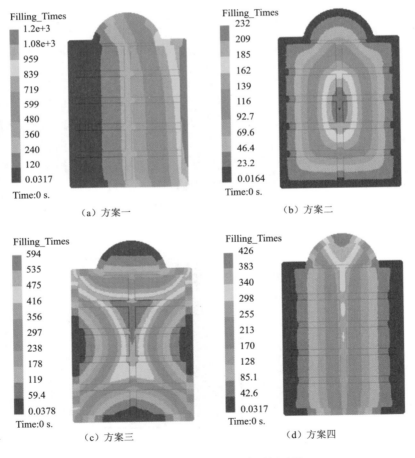

（a）方案一　　　　　　　　（b）方案二

（c）方案三　　　　　　　　（d）方案四

图 4.32　不同方案的注胶时间云图

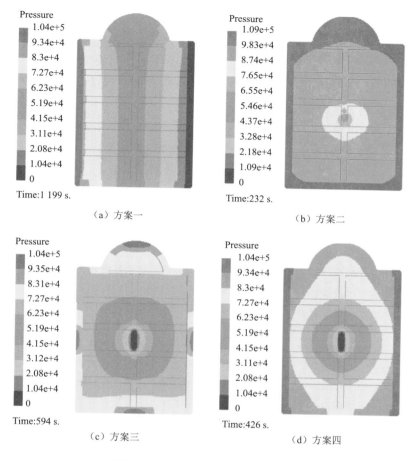

图 4.33　不同方案的树脂压力云图

对比以上四种工艺方案模拟结果可以看到,四种方案的树脂压力基本相同,最大注射压力分别为 1.04×10^5 Pa、1.09×10^5 Pa、1.04×10^5 Pa、1.04×10^5 Pa。四种方案的注胶时间差异明显,方案一用时最久为 1 199 s,方案二用时最短为 232 s,方案三及方案四分别用时594 s 及 426 s。其主要原因为方案一中注胶口至出胶口的距离最远,树脂行进路径最长,所需的注胶时间也最长;方案二与方案三都是采用周围注胶、中心出胶的方案设计,前者线形注胶所需时间明显比后者点注胶要短,其原因在于线形注胶比点注胶的注胶量要大。此外,方案一及方案二都可以实现树脂的安全填充,且树脂流动前锋基本保持平齐;方案三及方案四中,树脂流动前锋在经过圆形凸起区域时明显减速,特别是方案三存在明显流道干涉情况,有气泡包覆及干斑风险。综合以上模拟分析结果,本章设计示例采用方案一中的注胶通道设计。

3. 铺设及封装

裁剪玻璃纤维布,将第一层平铺在模具上,可以采用强力吸铁石固定玻璃纤维布,防止其在模具上滑动。然后按压玻璃纤维布,保证玻璃纤维布与模具表面贴实,避免玻璃纤维布与模具之间架空。接着按设计铺放顺序继续铺贴玻璃纤维布,全部铺放完成后,贴上真空袋,利用真空泵对玻璃纤维预制体抽真空,使玻璃纤维布与模具之间进一步贴合。在玻璃纤维布表面铺脱模布、导流网。根据 PAM-RTM 注胶方案模拟分析结果放置树脂管、进胶通道及出胶通道;再贴上密封胶条和真空袋,预抽真空 30 min。再在第一层真空袋上铺上透气毡,贴上第二层真空袋,采用单独的真空泵抽真空,以确保整个体系的真空度。

4. 注胶及固化过程

将整个体系置于烘箱内加热,直到模具温度上升到设定的 50 ℃。然后将处理好的树脂体系通过进树脂管灌注。灌注完毕后,关闭进出口阀门,保证复合材料产品处于密封状态。最后按照树脂的固化工艺设定时长与温度控制完成电池盒成型。

参考文献

[1] 杨桂英,赵睿,肖冰,等.碳纤维复合材料在汽车轻量化中的应用[J].当代石油石化,2020(10):24-28.

[2] 谢霞,余军,温秉权,等.复合材料在汽车上的应用[J].国际纺织导报,2010,38(12):56,58-60.

[3] 盘点降低车用复合材料成本的最新技术进展[J].玻璃钢/复合材料,2016(5):123-124.

[4] 焦立冰.复合材料在汽车领域应用浅析[J].新材料产业,2017(12):14-17.

[5] 田爽,边延凯.电动车用电池的发展现状[J].中国科技信息,2005(18):74-74.

[6] 李伟.Tesla 电动汽车的电池结构及充电方式(上)[J].汽车维修与保养,2016(1):102-103.

[7] 金英洁,李波,冯琳桓,等.某纯电动汽车电池箱体结构设计与热特性分析[J].科技创新与应用,2018,240(20):54-55,58.

[8] 李兴虎.基于最低极限能耗的纯电动汽车能耗指标评价方法[J].汽车安全与节能学报,2017,8(4):79-84.

[9] 左春柽,张明,杨洋,等.电动车电池容量及电池管理系统参数化设计[J].电源技术,2011,35(11):58-60.

[10] 朱永扬,陆春,周荣,等.电动汽车电压等级划分与安全性研究[J].汽车实用技术,2016(8):28-31.

[11] 贾高峰,韩赞东,王克争.电动汽车用动力电池组性能测试系统[J].电源技术,2004,28(11):712-714.

[12] 刘宁,王家雁,吴明瞭,等.动力电池包系统在纯电动汽车上的应用[J].北京汽车,2014(6):30-34.

[13] 李癸嵩.电动汽车用锂离子电池芯包生产系统以及生产方法:CN103996875A[P].2014-8-20.

[14] 张贵萍,宋佑,黄子康,等.锂离子动力电池成组技术及其连接方法简述[J].新材料产业,2016(5):38-43.

[15] https://zhuanlan.zhihu.com/p/35933643.

[16] 李东锋,金利芳.纯电动汽车电池包密封结构研究[C]//河南省汽车工程学会.第九届河南省汽车工程技术学术研讨会论文集.2012:1-4.

[17] 冯华.电动汽车用电池管理系统的研制[D].北京:北京交通大学,2007.

[18] 周峰.一种电池包整体风道式散热结构:CN204885360U[P].2015-12-16.

[19] 吴宏,李育隆,杨凯.电动汽车电池箱通风冷却结构的研究[J].汽车工程,2012,34(6):556-560,565.

[20] 段端祥,赵晓昱.纯电动汽车碳纤维复合材料电池箱体的铺层设计研究[J].玻璃钢/复合材料,2018(6):83-88.

［21］ 董相龙,张维强.电动汽车电池箱结构强度的有限元分析及其改进设计[J].机械强度,2015,37(2):312-316.

［22］ 钱芳.成型工艺在树脂基复合材料的发展[J].科技与创新,2017(7):49.

［23］ 张晓红,周锋,冯奇,等.车用动力电池碳纤维箱体的设计研究[J].上海汽车,2014(9):60-62.

［24］ 樊虎.树脂基复合材料链盒 RTM 成型工艺研究[D].太原:中北大学,2016.

［25］ 丁小马.碳纤维复合材料汽车前地板成型工艺及性能研究[D].上海:东华大学,2015.

［26］ 钟锋良,张伟南.汽车电池盒注射模设计[J].模具制造,2008(11):49-51.

［27］ 张婧,于今,熊磊,等.车用碳纤维复合材料性能及成型工艺[J].科技导报,2016,34(8):26-30.

［28］ 丛晶洁,陈志平,胡忠民.加筋壁板 VARI 整体成型工艺设计与验证[J].航空制造技术,2017(18):83-87.

第5章 船用复合材料螺旋桨设计

5.1 复合材料在船舶中的应用及发展历程

5.1.1 复合材料在船舶中的应用

复合材料在船舶中的应用越来越广泛。目前复合材料主要用于制造中小型民用船舶和军用舰船,如游艇、渔船、救生艇、高速艇、工作艇及巡逻艇、护卫舰、反水雷舰艇等。

复合材料应用在船舶中,能够带来许多好处,包括减轻船体重量,提高航行速度,增加载货量,高寿命高可靠性等。复合材料在船舶中的应用如图5.1所示。

图 5.1 复合材料在船舶中的应用

船用复合材料以聚合物基复合材料为主。按结构类型分类,船用复合材料可以分为纤维增强复合材料层合板以及复合材料夹层结构;按承载能力分类,船用复合材料可以分为主承力结构、次承力结构以及非承力结构;按功能性分类,船用复合材料可以分为结构、声学、阻尼、隐身、防护五类材料,见表5.1。

表 5.1 按功能性分类的船用复合材料及其应用

复合材料分类		用 途
结构复合材料		中、小型舰船壳体、舱室隔板、铺板、门、电缆盒等舾装件
声学复合材料	透声复合材料	声呐导流罩
	吸声复合材料	稳定翼、舵、泵喷导管、指挥台围壳、上层建筑
	隔声复合材料	指挥台围壳,上层建筑,舱间隔声器、支撑件

续表

复合材料分类	用　　途
阻尼复合材料	螺旋桨,复合材料基座、设备,复合材料筏架,复合材料推进轴,管路系统
隐身复合材料	围壳顶部、桅杆以及水面桅杆、上层建筑
防护复合材料	指挥舱、弹药舱、燃油舱

5.1.2　复合材料在船舶中应用的发展历程

复合材料在船舶中的应用大概经历了三个阶段。第一阶段,复合材料用于小型船舶上,可整体成型,以玻璃纤维和碳纤维为主要增强相。复合材料在民用方面主要应用于快艇、游艇、赛艇以及拖网渔船等小型商业渔船,在军事上主要用于建造扫雷艇。如早在 1946 年美军建造的长 8.53 m 的聚酯玻璃钢交通艇,开创了复合材料船舶制造的先河;使用了复合材料的小型舰艇还有美国建造的 MHC-1 级猎/扫雷艇、沿海猎雷艇 Osprey 号。1986 年瑞典 Karlskronavarvet 公司建造了 JetRider 高速客运气垫船;1995 年,中国船舶及海洋工程设计研究院开发了海客高速客船 7221 型双体气垫船等。

第二阶段,复合材料开始应用于大、中型船舶,但只是用于局部非承力结构,其主要作用是减轻重量、提高耐腐蚀能力。如 Inermarine 公司在 89.3 m 长、钢质船体的近海巡逻舰上用复合材料建造了上层建筑结构,从而将船体的重量降低 40%;Baltic 公司在位于 Jakobstad 的船厂中建造了 67 m 长的"巴拿马"超级双桅船,总重仅为 210 t。DDG-1000 驱逐舰(见图 5.2)是美国海军新一代驱逐舰,体长 183 m,排水量为 14 500 t,2015 年开始服役。船面舱室采用"集成上层建筑和孔径"结构,即将雷达天线、通信天线等多个天线集成在复合材料结构中,构成一体化上层建筑。

图 5.2　美国 DDG-1000 驱逐舰

第三阶段,以复合材料作为船体建造的主材料,充分发挥复合材料的优势,在承载、减重、耐腐蚀、隐身等方面发挥作用。如 Kockums 公司在新型双体渡船中采用了碳纤维复合材料作为主结构材料,并通过材料组合克服了碳纤维价格昂贵的劣势;在长 46.8 m、宽 13.5 m、排水量 270 t 的挪威皇家海军 Skjold 级巡逻舰中,将具有足够强度的碳纤维复合材料用在高负载部件中,承受舰艇高速运动产生的振动;2010 年,Kockums 公司最新设计的巡逻舰和战斗舰采用了更多种类的复合材料以获得更广泛的复合材料混合性能,其中夹层板是首选的结构形式,它具有高抗弯、高耐损伤的特性;瑞典的 Smype 号是第一艘复合材料隐形试验艇,使用碳纤维与玻璃纤维混杂、PVC 泡沫夹层结构技术,通过舰船轻量化,提高其速度和隐身性能。细致的材料和工艺选择可以将船舶重量、磁场信号、雷达信号以及保养成本降到最低,同时使船体结构具备防弹、阻燃、耐冲击、耐损伤的性能。

5.2 复合材料螺旋桨结构特点

传统的船用螺旋桨材料包括铸铁、锰青铜、铝青铜、镍铝铜(nickel aluminum bronze,NAB)、锰镍铝铜(manganese nickel aluminum bronze,MAB)或不锈钢等金属材料。镍铝铜(NAB)是船用螺旋桨领域使用最为广泛的金属材料,由于 NAB 具有硬度大、变形小、抗屈服、抗腐蚀等优点,军用船舶或潜艇的螺旋桨大多由 NAB 材料制造。合金材料普遍具有变形小、强度高、可靠性高等优点,但合金材料加工成螺旋桨的几何形状成本较高,且合金船用螺旋桨易发生腐蚀、冲击和疲劳破坏,降噪减振效果差,还会和钢制船体金属发生电化学腐蚀。此外合金船用螺旋桨质量大,增加了船体行驶负荷。

复合材料具有强度高、硬度大、耐热、耐腐蚀、密度小、可设计性强等优点,在船舶、机械、航空航天等工程领域中得到了广泛的关注与应用。最早将复合材料应用于螺旋桨的是苏联于 20 世纪 60 年代制造的渔船复合材料螺旋桨,直径为 2 m。2003 年英国科学技术组织 QinetiQ 制造出直径 2.9 m 的复合材料螺旋桨(见图 5.3),并在海上试验取得成功。2004 年德国 AIR 公司设计和制造了 contur 系列螺旋桨(见图 5.4),直径为 0.5~5 m 不等,该复合材料螺旋桨重量仅为传统 NAB 材料的三分之一,且螺旋桨噪声降低了 5 dB。

对于船用螺旋桨,复合材料在缓解空泡损伤方面也具有优势。复合材料的比强度、比刚度高,因此复合材料螺旋桨的设计厚度可以更大,从而降低螺旋桨的空泡起始速度;此外复合材料耐腐蚀、疲劳性能好、振动阻尼高、可设计性强的优点都能够在船用螺旋桨得到极好的发挥,合理设计船用复合材料螺旋桨的形状及增强相纤维的铺层角度和铺层顺序,即可利用复合材料的弯扭耦合效应自动调整各半径叶切面的螺距角,从而改善船用螺旋桨的水动力性能。

图 5.3 英国 QinetiQ 制造的直径 2.9 m 复合材料螺旋桨

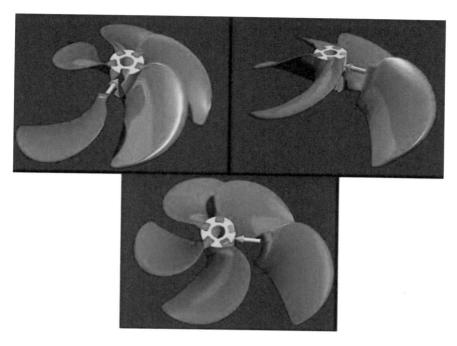

图 5.4 德国 AIR 公司设计制造的 contur 系列螺旋桨

5.3 复合材料螺旋桨结构设计

最常规的螺旋桨设计方法是图谱设计法,即根据螺旋桨敞水模型试验结果绘制的图谱进行设计。图谱设计法简单可靠,至今仍广泛应用于经典船舶螺旋桨的快速设计。但随着船舶推进要求的提高,图谱设计法无法满足特殊船舶、适合主机性能的高质量螺旋桨设计需求。螺旋桨设计的另一类方法为理论设计法,即根据环流理论以及桨叶切面相关试验或理论数据进行螺旋桨的设计。理论设计法包括升力线理论、升力面理论、面元法等。其中面元法能够精确地描述螺旋桨几何模型,计算精度高,理论也更加完善,是目前船用螺旋桨理论设计中非常有效的方法之一。下文以面元法为主,介绍复合材料船用螺旋桨的设计理论及流程。

采用面元法设计复合材料螺旋桨时,先选择合适的原型桨并对螺旋桨进行优化设计即可得到满足需求的螺旋桨,因此无需对螺旋桨外形从头设计。根据船舶的设计要求选取合适的原型桨进行优化设计,需要明确航速、船型以及外界环境(如水深、流体密度、大气压强、温度等),从而能够获得船舶的有效功率。船用螺旋桨的设计分为初始设计及终结设计,初始设计即根据船舶要求的航速设计合适的螺旋桨,再根据螺旋桨的转速及效率选择合适的主机,初步设计的输入条件即为有效功率和航速。终结设计即给定主机,在确定的主机功率和转速下设计能够达到最大航速的螺旋桨,此时的输入条件即为主机功率、转速和有效功率。采用面元法确定船用螺旋桨外形后,对复合材料铺层进行设计,需要明确复合材料单层板材料参数,包括各方向弹性模量、剪切模量、泊松比、单层厚度、密度等;为方便对复合材料船用螺旋桨进行疲劳性能分析,还应输入复合材料单层板的疲劳特性参数,如 S-N 曲线或其他试验数据。基于面元法的复合材料螺旋桨设计流程及输入条件如图 5.5 所示。

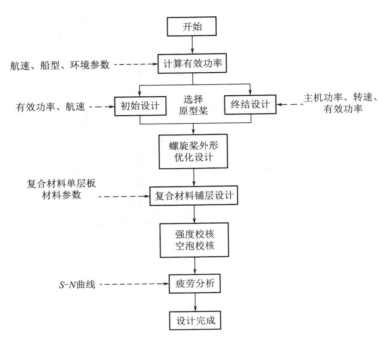

图 5.5 基于面元法的复合材料螺旋桨设计流程及输入条件

5.3.1 螺旋桨几何形状

螺旋桨通常由桨叶和桨毂组成,常见的螺旋桨为三叶或四叶,也有两叶、五叶、六叶等。螺旋桨一般外形如图 5.6 所示,各部分名称如图 5.7 所示,从船后向船头方向看到的螺旋桨面为叶面,另一面称为叶背。从船后向船头方向看,桨叶靠前的边称为导边,螺旋桨顺车时导边先与水接触;桨叶另一边称为随边。桨叶与桨毂相连的边称为叶根,远离轮毂的边称为叶梢。桨毂是连接各个桨叶的锥形体,为降低桨毂造成的阻力,一般桨毂后添加整流罩,使桨毂成流线形体。

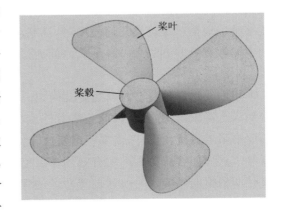

图 5.6 MAU 四叶螺旋桨三维立体模型

螺旋桨旋转时,叶梢运动轨迹形成的圆称为梢圆,梢圆直径(螺旋桨直径)用 D 表示,梢圆半径用 R 表示,梢圆面积称为盘面积,用 A 表示。

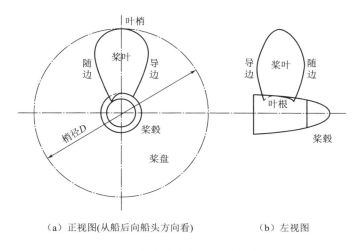

（a）正视图(从船后向船头方向看)　　　　　（b）左视图

图 5.7　螺旋桨各部分名称示意图

若不计螺旋桨桨叶的厚度,桨叶面为一螺旋面,螺旋面的形成如图 5.8 所示。假设一底面半径为 r 的圆柱,线段 AB 等速度绕 AA_2 旋转,同时沿 AA_2 等速度上升,则线段 AB 在圆柱内的运动轨迹形成的曲面即为螺旋面,将圆柱沿 BB_2 展开获得矩形平面,则 $B'B_2''$ 为矩形 $B'B''B_2''B_2'$ 的对角线,角 θ 称为螺距角。线段 AB 的上升距离,即线段 BB_2 的长度称为螺距,用 H 表示。螺距 H 与梢圆直径 D 之比称为螺距比,是表征螺旋桨几何特性的重要参数:螺距比越大,桨叶对桨轴的倾斜程度则越大,一般船用螺旋桨的螺距比为 $0.4\sim1.6$。

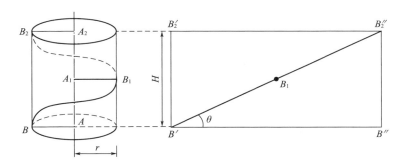

图 5.8　螺旋面及螺旋线展开示意图

为衡量桨叶的几何尺寸,通常将叶根中点到叶梢的连线作为桨叶的母线,称为基准线、辐射参考线或叶面参考线,如图 5.9 所示的直线 OA。基准线与竖直方向的夹角称为后倾角,用 ε 表示。基准线与桨毂的交点到桨轴中心线的距离称为桨毂半径 r_h,桨毂半径的两倍即桨毂直径用 d 表示。桨毂直径与梢圆直径 D 的比值称为毂径比,一般为 $0.16\sim0.20$。

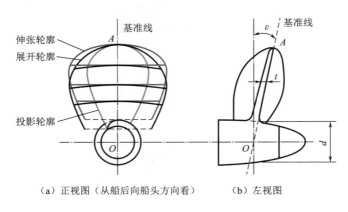

（a）正视图（从船后向船头方向看）　　　（b）左视图

图 5.9　桨叶几何形状说明图

5.3.2　基于面元法的水动力性能预报

1. 面元法概述

面元法（panel method）是一种源自边界元方法（boundary element method），即求解椭圆形方程的离散化方法，也是广泛应用于螺旋桨水动力性能预报等流体力学中的一种方法。

面元法的基本思想是利用格林公式及拉普拉斯方程，将不可压无旋流动的二阶偏微分方程转化为流体中固体边界上的积分方程，将三维流场问题中的速度场求解问题降为二维奇点强度的求解。将物体边界离散化，即在物体表面分割多个面元，并在面元上分布源汇、偶极、涡等奇点，根据物体表面的边界条件以及库塔条件求解得到基本方程的数值解。通过面元法可以获得物面，即螺旋桨表面的压力分布，进而用积分方法求解螺旋桨所受的推力和转矩，比较准确地计算螺旋桨的水动力性能。面元法具有许多优点，如面元法的数值计算仅需要在物体边界进行，不必计算整个流体场，且能够将三维问题转为求解二维奇点强度问题，降低了数值计算的容量，加快了计算速度；在物体表面划分单元的方式更加合理细致，精度与升力线、升力面等水动力分析方法相当，与时间相关的问题还能够采用显式按时间步长逐步推进求解，可广泛地应用于螺旋桨水动力性能预报及空泡校核中。

面元法的求解困难在于系数矩阵是满阵，不具有正定、对称等特点，因此求解方程时只能用高斯主元消去法。根据基本公式的形式，面元法可以分为基于速度的面元法和基于速度势的面元法，后者在数值处理方面更有优势；根据所用奇点可以分为源汇分布法、偶极分布法、涡分布法及混合分布法；根据奇点分布方式可以分为低阶面元法和高阶面元法，低阶面元法的奇点均匀分布，高阶面元法的奇点可以是线性分布或曲面分布；根据面元形状又分为三角形面元法和四边形面元法等。每种面元法都具有各自的特点和适用情形。

2. 螺旋桨面元法的基本积分方程

假设一任意升力体处在一个速度为 v_0 的无旋、非黏性、不可压缩的来流中,如图 5.10 所示,流场的边界面 S 由物面 S_B、尾涡面 S_W 和外边界面 S_∞ 组成。设流场内任意一点 P 的坐标为 (x_P, y_P, z_P),Q 为边界 S 上坐标为 (x_Q, y_Q, z_Q) 的点。R 为 P 与 Q 之间的距离,可表示为

$$R = \sqrt{(z_P - z_Q) + (z_P - z_Q) + (z_P - z_Q)} \tag{5.1}$$

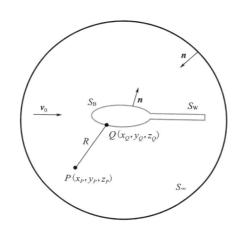

图 5.10　升力体及其流场

在流场中可以用扰动速度势 φ 来表示升力体的扰动,且 φ 满足拉普拉斯方程,即

$$\nabla^2 \varphi = 0 \tag{5.2}$$

根据格林公式,三维来流场中任意一点 $P(x_P, y_P, z_P)$ 的扰动势可用势函数 φ 在边界 S 上的值及其法向导数表示:

$$4\pi E\varphi(P) = \iint_S \left[\varphi(Q)\, \frac{\partial}{\partial \boldsymbol{n}_Q}\, \frac{1}{R} - \frac{\partial \varphi(Q)}{\partial \boldsymbol{n}_Q}\, \frac{1}{R} \right] \mathrm{d}S \tag{5.3}$$

$$E = \begin{cases} 0 & P \text{ 在 } S \text{ 之内} \\ 1/2 & P \text{ 在 } S \text{ 之上} \\ 1 & P \text{ 在 } S \text{ 之外} \end{cases}$$

式中 $\dfrac{\partial}{\partial \boldsymbol{n}_Q}$ 为在 Q 点处的法向导数。

在边界面 S 上,势函数 φ 还应满足以下三个边界条件:

(1)外控制面距离升力体极远时,其上的扰动速度趋于零,即

$$\nabla \varphi \to 0, \quad \text{当 } S_\infty \to \infty \tag{5.4}$$

(2)在物面上满足法向速度为零的运动边界条件,即

$$\frac{\partial \varphi}{\partial \boldsymbol{n}_Q} = -\,\boldsymbol{v}_0 \cdot \boldsymbol{n}_Q, \quad \text{在 } S_B \text{ 上} \tag{5.5}$$

式中　$\boldsymbol{n}_Q$ ——边界面上 Q 点处的单位法向量。

（3）假设尾涡面的厚度为零，且通过尾涡面没有法向速度跳跃和压力跳跃，即

$$\begin{cases} p^+ - p^- = 0 \\ \left(\dfrac{\partial \varphi}{\partial \boldsymbol{n}_{Q_1}}\right)^+ - \left(\dfrac{\partial \varphi}{\partial \boldsymbol{n}_{Q_1}}\right)^- = 0 \end{cases} \quad 在\ S_W\ 上 \tag{5.6}$$

式中　Q_1——尾涡面上的点，上标"＋"和"－"分别表示尾涡面的上、下表面的值。

根据以上三个边界条件，式（5.3）在物面上的积分方程可表示为：

$$2\pi\varphi(P) = \iint\limits_{S_B} \varphi(Q)\frac{\partial}{\partial \boldsymbol{n}_Q}\frac{1}{R}\mathrm{d}S + \iint\limits_{S_W} \Delta\varphi(Q_1)\frac{\partial}{\partial \boldsymbol{n}_{Q_1}}\frac{1}{R_1}\mathrm{d}S +$$

$$\iint\limits_{S_B} (\boldsymbol{v}_0 \cdot \boldsymbol{n}_Q)\frac{1}{R}\mathrm{d}S \quad 在\ S_B\ 上 \tag{5.7}$$

式中　R_1——P 到 Q_1 的距离；

　　　$\Delta\varphi$——通过尾涡面的速度势跳跃，记为

$$\Delta\varphi = \varphi^+ - \varphi^- \quad 在\ S_W\ 上 \tag{5.8}$$

将尾涡面 S_W 的几何形状设为已知，尾涡面上的速度势跳跃 $\Delta\varphi$ 依赖于桨叶面上的速度势 φ 并由库塔条件决定，是一个有限值，不作为未知函数。因此积分方程式（5.7）中的未知函数只有物面上的速度势函数 φ。库塔条件有多种形式，如压力库塔条件，即桨叶随边处叶面和叶背的压力差为零，即

$$(\Delta p)_{TE} = p_{TE}^+ - p_{TE}^- = 0 \tag{5.9}$$

3. 螺旋桨几何参数及网格划分

如图 5.11(a) 所示建立笛卡儿坐标系 $O\text{-}xyz$ 以及柱坐标系 $O\text{-}xr\theta$。x 轴沿桨毂中心线从船首指向船尾，y 轴沿某一桨叶的基准线，z 轴与 x、y 轴成右手系建立直角坐标系；柱坐标系 x 轴与笛卡儿坐标系的 x 轴相同，θ 角以笛卡儿坐标系 y 轴为起始，设逆时针旋转为正。螺旋桨半径 r 处的叶剖面上的点在坐标系下的表达如图 5.11(b) 所示，s 表示叶剖面上的点到导边的距离，c 表示叶剖面上导边到基准线的距离，x_r 表示螺旋桨半径 r 处叶剖面的纵斜，y_b、y_f 分别表示叶背、叶面上的点到弦线的距离。螺旋桨半径 r 处叶剖面上点的坐标可以分别在柱坐标系及笛卡儿坐标系中表示。在柱坐标系中的表达式为

$$\begin{cases} x = x_r + (s-c)\sin\theta_i - y_b\cos\theta_i \\ r = r \\ \theta = \dfrac{1}{r}\left[(s-c)\cos\theta_i + y_b\sin\theta_i\right] + \theta_s \end{cases} \quad 叶背上 \tag{5.10a}$$

$$\begin{cases} x = x_r + (s-c)\sin\theta_i + y_f\cos\theta_i \\ r = r \\ \theta = \dfrac{1}{r}\left[(s-c)\cos\theta_i - y_f\sin\theta_i\right] + \theta_s \end{cases} \quad 叶面上 \tag{5.10b}$$

式中，θ_s 表示叶剖面的侧斜角；θ_i 表示螺旋桨的几何螺距角。

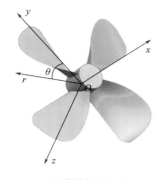

（a）螺旋桨坐标系

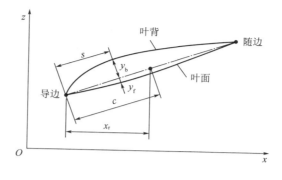

（b）坐标系中的桨叶叶剖面

图 5.11　螺旋桨在坐标系中的表达

在笛卡儿坐标系中的表达式为

$$\begin{cases} x = x_r + (s-c)\sin\theta_i - y_b\cos\theta_i \\ y = r\cos\theta \\ z = r\sin\theta \end{cases} \qquad 叶背上 \qquad (5.11a)$$

$$\begin{cases} x = x_r + (s-c)\sin\theta_i + y_f\cos\theta_i \\ y = r\cos\theta \\ z = r\sin\theta \end{cases} \qquad 叶面上 \qquad (5.11b)$$

为求解积分方程(5.7)的数值解,一般将螺旋桨桨毂、桨叶、尾涡面离散为三角形或四边形面元。三角形面元的顶点永远在同一平面上,面元之间没有缝隙;而四边形面元的顶点不一定在同一平面,计算时需要将面元顶点投影在平面上,导致面元之间出现缝隙,从而形成计算误差。为此人们又发展出曲面面元的方法,对于螺旋桨水动力的计算问题,一般采用四边形双曲面元。对桨叶进行网格划分时,一般在剖面参数变化剧烈的位置采取网格加密,如叶根、叶梢位置采用比较密的网格单元。网格划分方式有等分、余弦分割、半余弦分割等。下面以余弦分割为例,对螺旋桨叶面的弦向、径向进行面元划分。根据经验取弦向 N_c 个单元、径向 N_r 个单元,故一个桨叶叶背叶面共取 $2 \times N_c \times N_r$ 个单元,弦向、径向节点 s_i、r_j 可表示为

$$s_i = \frac{1}{2}(1 - \cos\beta_{ci})b_j \quad (i = 1, 2, \cdots, N_c + 1) \tag{5.12}$$

$$r_j = \frac{1}{4}(D + d) - \frac{1}{4}(D - d)\cos\beta_{rj} \quad (j = 1, 2, \cdots, N_r + 1) \tag{5.13}$$

式中　b_j——螺旋桨半径为 r_j 处叶剖面的弦长。

β_{rj} 和 β_{ci} 可表示为

$$\beta_{rj} = \begin{cases} 0 & (j = 1) \\ \dfrac{2j-1}{2N_r+1}\pi & (j = 2, \cdots, N_c + 1) \end{cases} \tag{5.14}$$

$$\beta_{ci} = \frac{i-1}{N_c}\pi \quad (i = 1, 2, \cdots, N_c + 1) \tag{5.15}$$

对螺旋桨水动力性能进行分析时,螺旋桨尾涡面的形状一般是未知的。但要使用面元法对螺旋桨进行分析时,需要先确定尾涡面形状并划分网格,因此采用假设的尾涡模型进行分析。尾涡模型通常分为线性尾涡和非线性尾涡,即线性尾涡不考虑尾涡的变形,与螺旋桨成等螺距的螺旋面;而非线性尾涡根据试验数据和观察结果,对尾涡面进行修正,获得更接近真实情形的变螺距尾涡。

4. 基本方程的数值解法

设螺旋桨及尾涡面内扰动势为 φ,在定常流动问题中假设速度势跳跃 $\Delta\varphi$ 和 $\boldsymbol{V}_0 \cdot \boldsymbol{n}$ 都是常数,则积分方程(5.7)可以转化为线性方程组:

$$\sum_{j=1}^{N}(\delta_{ij}-C_{ij})\varphi_j - \sum_{l=1}^{N_{\mathrm{w}}}W_{il}\Delta\varphi_l = -\sum_{j=1}^{N}B_{ij}(\boldsymbol{V}_0 \cdot \boldsymbol{n}_j) \quad (i=1,2,\cdots,N) \qquad (5.16)$$

式中 N——桨叶表面上的面元数,$N=2\times N_c\times N_r$;

         N_{w}——尾涡面上的面元数;

         δ_{ij}——克劳尼克(Kronecker)函数;

C_{ij},W_{il},B_{ij}——影响函数,可用下式求得:

$$\begin{cases} C_{ij} = \dfrac{1}{2\pi}\sum_{k=1}^{Z}\iint_{S_j}\dfrac{\partial}{\partial n_j}\left(\dfrac{1}{R_{ijk}}\right)\mathrm{d}S_j \\[3mm] W_{il} = \dfrac{1}{2\pi}\sum_{k=1}^{Z}\iint_{S_l}\dfrac{\partial}{\partial n_l}\left(\dfrac{1}{R_{ilk}}\right)\mathrm{d}S_l \\[3mm] B_{ij} = \dfrac{-1}{2\pi}\sum_{k=1}^{Z}\iint_{S_j}\left(\dfrac{1}{R_{ijk}}\right)\mathrm{d}S_j \end{cases} \qquad (5.17)$$

其中 Z——螺旋桨叶数。

离散的线性方程组(5.16)中的 $\Delta\varphi$ 还有待库塔条件来确定。由于假设 $\Delta\varphi$ 为常数,则尾涡面上 $\Delta\varphi$ 沿尾流方向不变,即等于螺旋桨随边相接的尾涡面上的 $(\Delta\varphi)_j (j=1,2,\cdots,N_r)$,根据等压库塔条件有:

$$(\Delta p_{\mathrm{TE}})_j = (p_{\mathrm{TE}}^+)_j - (p_{\mathrm{TE}}^-)_j = 0 \quad (j=1,2,\cdots,N_r) \qquad (5.18)$$

式中,上标"+""−"分别表示桨叶的上、下表面。式(5.18)建立起 $(\Delta\varphi)_j$ 的 N_r 个方程,将式(5.18)与式(5.16)联立则组成封闭方程组,但由于压力 p 是速度势函数 φ 的非线性函数,方程不能直接求解,因此通常采用迭代过程求解。

这里采用牛顿-拉夫逊方法(Newton-Raphson method)进行迭代求解,$(\Delta p)_j$ 可表示为

$$(\Delta p)_j = f_j(\Delta\varphi_1,\Delta\varphi_2,\cdots,\Delta\varphi_{N_r}) \quad (j=1,2,\cdots,N_r) \qquad (5.19)$$

雅克比矩阵元素 J_{ij} 可表示为

$$J_{ij} = \frac{\partial(\Delta p_i)}{\partial(\Delta\varphi_j)} \qquad (5.20)$$

则使 $(\Delta p)_j = 0$ 的 $(\Delta\varphi)_j$ 值的迭代求解公式为

$$\begin{bmatrix} (\Delta\varphi)_1 \\ (\Delta\varphi)_2 \\ \vdots \\ (\Delta\varphi)_{N_r} \end{bmatrix}^{(k+1)} = \begin{bmatrix} (\Delta\varphi)_1 \\ (\Delta\varphi)_2 \\ \vdots \\ (\Delta\varphi)_{N_r} \end{bmatrix}^{(k)} - [J]^{-1} \begin{bmatrix} (\Delta p)_1 \\ (\Delta p)_2 \\ \vdots \\ (\Delta p)_{N_r} \end{bmatrix}^{(k)} \tag{5.21}$$

式中，J_{ij} 采用对 $(\Delta\varphi)_j^{(0)}$ 进行摄动，$(\Delta\varphi)_j^{(\beta)} = (1-\beta')(\Delta\varphi)_j^{(0)}$ 的方法求得，则有

$$J_{ij} = \frac{(\Delta p_i)^{(\beta)} - (\Delta p_i)^{(0)}}{(\Delta\varphi_j)^{(\beta)} - (\Delta\varphi_j)^{(0)}} \tag{5.22}$$

计算中取 $\beta' = 0.02$。初始 $(\Delta\varphi)_j^{(0)}$ 的值由 Morino 的库塔条件确定，即

$$(\Delta\varphi)_j^0 = \varphi_{TE}^+ - \varphi_{TE}^- \tag{5.23}$$

将式(5.23)与线性方程组(5.16)联立求解可确定初始值 $(\Delta\varphi)_j^{(0)}$。已知 $(\Delta\varphi)_j^{(0)}$ 即可进一步由速度势函数 φ 求解螺旋桨上的速度分布，根据伯努利(Bernoulli)方程可获得螺旋桨表面的压力分布为

$$p = p_0 + \frac{1}{2}\rho(v_{r0}^2 - v_t^2) \tag{5.24}$$

式中　p_0——桨轴处的压力；

v_{r0}——半径为 r 处的叶剖面相对进流速度，可由下式求出：

$$v_{r0} = \sqrt{v_0^2 + (\omega r)^2} \tag{5.25}$$

v_t——局部速度；

ρ——流体密度。

求出螺旋桨表面桨叶、桨毂上的压力分布后，可以通过积分求解螺旋桨所受的推力和转矩。设 $\boldsymbol{n}_i = (n_{xi}, n_{yi}, n_{zi})$ 为 i 面元中心处法向矢量，ΔS_i 为 i 面元的面积，(x_i, y_i, z_i) 为 i 面元中心处的坐标，则螺旋桨所受的推力和转矩如下：

$$T_P = Z \cdot \sum_{i=1}^{N} p_i \cdot n_{x_i} \cdot \Delta S_i \tag{5.26}$$

$$Q_P = Z \cdot \sum_{i=1}^{N} p_i \cdot (n_{y_i} \cdot z_i - n_{z_i} \cdot y_i) \cdot \Delta S_i \tag{5.27}$$

在面元法中还需要考虑黏性对螺旋桨推力、转矩的影响。黏性的影响多通过引入表面摩擦阻力进行近似计算，如在推力、转矩计算中使用如式(5.28)所示的平板摩擦阻力系数公式：

$$C_f = \begin{cases} 0.644\,Re^{-0.5} & 3\times10^5 \geqslant Re \\ 0.074\,Re^{-0.2} - 1\,050\,Re^{-1} & 3\times10^5 < Re \leqslant 10^7 \\ (1.89 + 1.62\lg Re)^{-2.5} & Re > 10^7 \end{cases} \tag{5.28}$$

式中，Re 为翼剖面雷诺数。

由于表面摩擦阻力与螺旋桨表面切向速度方向相反，则推力和转矩的黏性修正量为

$$\begin{cases} \delta T_L = \dfrac{1}{2}\rho \sum_{i=1}^{N} (C_f)_i v_{tiy} v_{ti} S_i \\[3mm] \delta Q_L = \dfrac{1}{2}\rho \sum_{i=1}^{N} (C_f)_i (v_{tiz} x_i - v_{tix} z_i) v_{ti} S_i \end{cases} \tag{5.29}$$

式中，$\boldsymbol{v}_{ti} = (v_{tix}, v_{tiy}, v_{tiz})$ 为 i 面元上的切向速度。

螺旋桨黏性修正后总的推力及扭矩为

$$\begin{cases} T = T_P + \delta T \\ Q = Q_P + \delta Q \end{cases} \tag{5.30}$$

将推力及扭矩转化为无量纲形式的推力系数 K_T 与扭矩系数 K_Q，即

$$K_T = \frac{T}{\rho \cdot n^2 \cdot D^4} \tag{5.31a}$$

$$K_Q = \frac{Q}{\rho \cdot n^2 \cdot D^5} \tag{5.31b}$$

5.3.3　基于面元法的螺旋桨设计

面元法是除计算流体动力学（computational fluid dynamics, CFD）方法以外，求解翼型流体动力性能最精确的方法，因此可以利用面元法对三维翼型螺旋桨剖面进行设计。采用面元法设计船用复合材料螺旋桨三维造型时，首先设计螺旋桨的翼型桨叶剖面，设计满足给定压力分布的剖面形式，完成剖面设计后，再组成设计的螺旋桨三维几何形状。基于面元法的复合材料螺旋桨设计技术路线如图 5.12 所示。

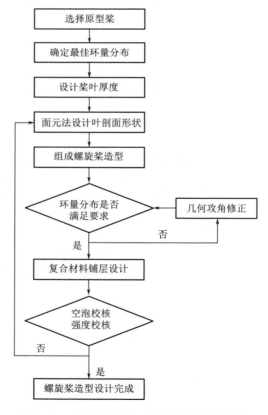

图 5.12　基于面元法的螺旋桨设计技术路线

螺旋桨具体设计步骤如下：

(1)根据船用螺旋桨的设计条件，选取一种设计原型桨。

(2)根据升力线理论，确定螺旋桨的最佳环量分布 $G_{opt}(r)$。

(3)按照船用螺旋桨设计规范，设计螺旋桨各半径处的桨叶厚度，也可沿用原型桨的厚度。

(4)根据桨叶各处的厚度和环量，用面元法设计螺旋桨桨叶剖面形状。设计剖面时选取平顶压力分布形式，尽可能地避免空泡。在环量一定的情况下，攻角越小，则拱度越大，因此设计剖面时应选取合适的攻角。

(5)根据选定的桨叶各半径处的剖面及攻角组成螺旋桨。

(6)计算所设计螺旋桨的敞水性能、压力分布以及环量分布，通过调整螺旋桨螺距角的分布等方法修正设计螺旋桨的环量分布，直到设计螺旋桨的环量分布与最佳环量分布之间的误差在允许范围内。

(7)根据已设计的螺旋桨三维造型，进行复合材料铺层方案的设计。

(8)对复合材料螺旋桨进行空泡校核以及强度校核，若满足空泡条件以及强度条件，则该螺旋桨为所求的设计螺旋桨。若其中某个条件不满足，则修改螺旋桨参数，从第四步开始进行迭代计算。

下面以 MAU 桨为例，基于面元法对 MAU 复合材料螺旋桨进行优化设计。

1. 选择原型桨

选择图谱设计法设计的 MAU 螺旋桨为原型桨，其主要几何参数见表 5.2。

表 5.2　MAU 原型桨的主要几何参数

桨　型	MAU	桨　型	MAU
直径 D/m	4.78	纵倾角 $\varepsilon/(°)$	8
毂径比 d/D	0.18	转速/$(r \cdot min^{-1})$	155
叶数 Z	4	航速/kn	15.48
螺距比 P/D	0.682	伴流分数	0.35

MAU 四叶桨的几何要素和型值表分别见表 5.3 和表 5.4。根据几何要素和型值表可以建立 MAU 四叶桨的三维模型，如图 5.6 所示。

表 5.3　MAU 四叶螺旋桨几何要素表

半径比	半径/mm	螺旋角/(°)	参考线到随边/mm	总宽/mm	最大厚度到导边/mm	纵倾角/(°)
1.0R	2 390	12.25	254	0	0	8
0.95R	2 271	12.9	618	817	509	8
0.9R	2 151	13.6	712	1 081	528	8

续表

半径比	半径/mm	螺旋角/(°)	参考线到随边/mm	总宽/mm	最大厚度到导边/mm	纵倾角/(°)
0.8R	1 912	15.2	770	1 365	619	8
0.7R	1 673	17.2	751	1 464	588	8
0.6R	1 434	19.8	705	1 456	508	8
0.5R	1 195	23.5	640	1 386	450	8
0.4R	956	28.5	570	1 279	409	8
0.3R	717	35.9	491	1 142	365	8
0.2R	478	47.3	411	977	313	8

表 5.4　MUA 四叶桨型值表

半径比	位置/mm	叶宽百分比											
		0	10	20	30	40	50	60	70	80	90	95	100
0.9	叶面	3.05	0.44	0.11	0	0	0	0	0	0	0	0	2.52
	叶背	3.05	21.1	32.2	36.7	36.6	34.1	30.5	25.5	19.1	11.3	7.14	2.52
0.8	叶面	12.5	2.99	0.68	0	0	0	0	0	0	0	0	2.67
	叶背	12.5	38.3	52.7	59.2	58	53.3	46.3	37.5	26.8	15	8.9	2.67
0.7	叶面	24.5	6.29	1.43	0	0	0	0	0	0	0	0	3.68
	叶背	24.5	58.5	74	81.5	79.9	73.5	63.9	51.6	37	20.7	12.3	3.68
0.6	叶面	35.4	9.85	2.34	0	0	0	0	0	0	0	0	4.69
	叶背	35.4	78.4	95.7	104	102	93.7	81.4	65.8	47.2	26.4	15.6	4.69
0.5	叶面	44.4	12.6	2.98	0	0	0	0	0	0	0	0	5.7
	叶背	44.4	96.4	117	126	124	114	99	80.9	57.3	32.1	19	5.7
0.4	叶面	52.2	14.9	3.5	0	0	0	0	0	0	0	0	6.71
	叶背	52.2	113	137	149	146	134	117	94.2	67.5	37.7	22.4	6.71
0.3	叶面	60.1	17.2	4.03	0	0	0	0	0	0	0	0	7.72
	叶背	60.1	131	158	171	168	154	134	108	77.7	43.4	25.7	7.72
0.2	叶面	67.9	19.4	4.56	0	0	0	0	0	0	0	0	8.73
	叶背	67.9	148	179	194	190	175	152	123	87.8	49.1	29.1	8.73

2. 确定最佳环量分布

最佳环量分布也称为最小诱导损失或最高效率时的环量分布。在给定螺旋桨直径 D 和

进速 V_0 的条件下,希望螺旋桨的工作效率最高,从而节省螺旋桨的燃料消耗。螺旋桨工作时的能量耗散包括尾流具有的诱导速度而产生的诱导损失,及流体黏性导致的翼型阻力损失。同时考虑这两部分损失比较困难,因此求解最佳环量的分布时一般简化为求解理想流体情况下的最小诱导损失。

设螺旋桨进速为 v_0,角速度为 ω,在螺旋桨桨叶半径为 r 处截取微元体 $\mathrm{d}r$,则此微元体的轴向速度为 v_0,周向速度为 ωr,如图 5.13 所示。根据式(5.25),此桨叶微元相对静水的合速度为 v_0,v_0 与周向速度的夹角 β 称为进角,v_R 与周向速度的夹角 β_i 称为水动力螺距角,α 为攻角。β 与 β_i 分别可以表示为

$$\tan \beta = \frac{v_0}{\omega r} \tag{5.32}$$

$$\tan \beta_i = \frac{v_0 + u_\mathrm{a}}{\omega r - u_\mathrm{t}} \tag{5.33}$$

在图 5.13 中,设所有自由涡片对升力线处的诱导速度为轴向诱导速度 u_a、周向诱导速度 u_t 和径向诱导速度 u_r,水流与螺旋桨桨叶微元体的相对速度为 v_R。$\mathrm{d}L$ 为作用在微元体上的升力,方向垂直于 v_R。$\mathrm{d}D$ 为翼型阻力,$\mathrm{d}F$ 为微元体所受的旋转阻力,$\mathrm{d}T$ 为所受推力。

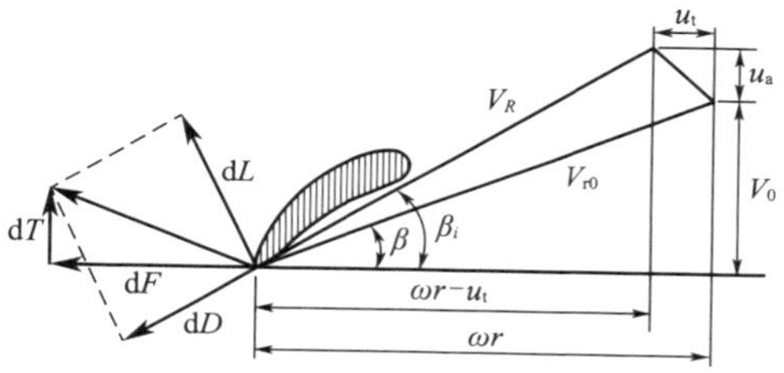

用 ε 表示翼型的阻升比,即有

$$\varepsilon = \frac{\mathrm{d}D}{\mathrm{d}L} \tag{5.34}$$

图 5.13　桨叶微元体上的速度与力

将 $\mathrm{d}L$ 与 $\mathrm{d}D$ 的合力在轴向投影,得到微元体所产生的推力 $\mathrm{d}T$ 以及旋转阻力 $\mathrm{d}F$ 为

$$\mathrm{d}T = \mathrm{d}L\cos \beta_i - \mathrm{d}D\sin \beta_i = \rho v_R \Gamma(r)\cos \beta_i (1 - \varepsilon \cdot \tan \beta_i)\mathrm{d}r \tag{5.35}$$

$$\mathrm{d}F = \mathrm{d}L\sin \beta_i + \mathrm{d}D\cos \beta_i = \rho v_R \Gamma(r)\sin \beta_i \left(1 + \frac{\varepsilon}{\tan \beta_i}\right)\mathrm{d}r \tag{5.36}$$

因此,由 $\mathrm{d}F$ 形成的转矩 $\mathrm{d}Q$ 可表示为

$$\mathrm{d}Q = \mathrm{d}F \cdot r = \rho v_R \Gamma(r)\sin \beta_i \left(1 + \frac{\varepsilon}{\tan \beta_i}\right)r\mathrm{d}r \tag{5.37}$$

将 $\mathrm{d}T$ 与 $\mathrm{d}Q$ 沿半径 r 积分,即获得一个桨叶上的推力和力矩,乘以叶数 Z 则整个螺旋桨发出的推力 T 和转矩 Q 可以表示为

$$\begin{cases} T = \rho Z \displaystyle\int_{r_h}^{R} \Gamma(r)(\omega r - u_\mathrm{t})(1 - \varepsilon \cdot \tan \beta_i)\mathrm{d}r \\ Q = \rho Z \displaystyle\int_{r_h}^{R} \Gamma(r)(v_0 - u_\mathrm{a})\left(1 + \frac{\varepsilon}{\tan \beta_i}\right)r\mathrm{d}r \end{cases} \tag{5.38}$$

求解螺旋桨在理想流体中的最佳环量分布,即敞水最佳环量分布条件时,可令阻升比 $\varepsilon = 0$,则整个螺旋桨发出的推力 T 和转矩 Q 可以表示为

$$\begin{cases} T = \rho Z \displaystyle\int_{r_h}^{R} \Gamma(r)(\omega r - u_t)\,\mathrm{d}r \\ Q = \rho Z \displaystyle\int_{r_h}^{R} \Gamma(r)(v_0 - u_a)r\,\mathrm{d}r \end{cases} \tag{5.39}$$

由式(5.39)可以看出，当螺旋桨径向某一位置的附着涡环量增加 $\Delta\Gamma(r)$，则螺旋桨的推力 T_i 就相应增加 ΔT_i，转矩 Q 就相应增加 ΔQ_i。

最佳环量分布即在给定推力下的螺旋桨能量损失最小，应使有用功 $\Delta T_i v_0$ 与螺旋桨吸收的能量 $\Delta Q_i \omega$ 之比为一常数，即最佳环量的分布条件可表示为

$$\frac{\Delta T_i \cdot v_0}{\Delta Q_i \cdot \omega} = \frac{v_0(\omega r - u_t)}{\omega r(v_0 + u_a)} = 常数 \tag{5.40}$$

满足最佳环量分布的 MAU 四叶螺旋桨各半径位置的参数计算结果见表 5.5。

表 5.5 MAU 四叶螺旋桨的最佳环量分布计算结果

半径比	相对进流速度 /(mm·s^{-1})	进角/(°)	水动力螺距角/(°)	阻力系数 C_D	升力系数 C_L	攻角/(°)	dβ_i/(°)
0.184	8.58	36.02	48.9	0.034	0.661	4.079	2.09
0.211	9.46	32.28	44.88	0.035 1	0.587	3.342	2.11
0.265	11.26	26.75	38.47	0.038 7	0.499	2.338	2.05
0.34	13.95	21.4	31.71	0.043 7	0.412	1.504	1.88
0.433	17.37	17.12	25.9	0.048 3	0.333	0.956	1.66
0.536	21.27	13.97	21.41	0.051 6	0.27	0.627	1.43
0.644	25.34	11.71	18.1	0.053 1	0.227	0.434	1.24
0.747	29.29	10.13	15.73	0.052 5	0.197	0.319	1.1
0.840	32.85	9.03	14.06	0.048 6	0.182	0.25	0.99
0.915	35.76	8.29	12.94	0.04	0.173	0.208	0.92
0.969	37.83	8.84	12.25	0.026 5	0.186	0.184	0.87
0.996	38.89	7.63	11.92	0.009 3	0.496	0.173	0.85

表 5.5 中，升力系数 C_L 与阻力系数 C_D 由下式计算：

$$C_L = \frac{L}{\dfrac{\rho}{2}v_0^2 S}$$

$$C_D = \frac{D}{\dfrac{\rho}{2}v_0^2 S}$$

式中，S 为螺旋桨桨叶的平面面积。

3. 桨叶厚度设计

螺旋桨桨叶各半径处的厚度可以按照螺旋桨设计规范进行设计，也可以沿用原型桨的厚度。叶厚分数根据泰洛(Taylor)公式估算：

$$\frac{t_0}{D} = \frac{1}{D}\sqrt{\frac{C_1 P_D}{157.752 Z N \sigma_c}} \tag{5.41}$$

式中　t_0/D——叶厚分数；

　　　C_1——$0.7R$ 处的螺距比 $(P/D)_{0.7R}$ 决定的系数，可以查表 5.6 取值，也可以由式 (5.42)计算；

　　　P_D——螺旋桨收到功率；

　　　Z——桨叶数；

　　　N——螺旋桨每分钟转数；

　　　σ_c——材料最大许用应力。

表 5.6　C_1 值

系数	值				
C_1	1 800	1 450	1 140	950	840
$(P/D)_{0.7R}$	0.564	0.7	0.9	1.1	1.3

$$C_1 = 5\,516.203\,6 - 11\,129.915\,4\,(P/D)_{0.7R} + 10\,004.488\,7\,(P/D)_{0.7R}^2$$
$$- 3\,459.915\,2\,(P/D)_{0.7R}^3 + 100.520\,5\,(P/D)_{0.7R}^6 \tag{5.42}$$

确定叶厚分数 t_0/D 后，可按范·曼能(Van Manen)与楚思德(Troost)公式估算桨叶厚度分布，即

$$\frac{t(x)}{D} = \frac{t_{tip}}{D} + f_t\left[\frac{t_0}{D} - \frac{t_{tip}}{D}\right] \tag{5.43}$$

式中　t_{tip}/D——叶梢厚度比，当 $D < 3.0$ m 时 $t_{tip}/D = 0.004\,5$，当 $D > 3.0$ m 时 $t_{tip}/D = 0.003\,5$；

　　　f_t——随半径而改变的系数，可由下式计算：

$$f_t = 1.062\,578 - 1.475\,209x + 0.537\,73x^2 - 0.125\,392x^3 \tag{5.44}$$

这里沿用 MAU 原型螺旋桨的桨叶厚度，基于面元法对叶剖面进行设计。

4. 叶剖面形状设计

对 MAU 螺旋桨进行面元网格划分，在保证计算精度的前提下合理划分网格。在 MAU 螺旋桨的一个桨叶上划分弦向 24 个、径向 24 个，共 24×24 个单元(经对比，网格多于 24×24 的计算结果与 24×24 的计算结果差别不大，因此该网格数能满足计算精度要求)。原型桨 MAU 的水动力性能见表 5.7。

对设计进速(半径比等于 0.419 2)下的螺旋桨收到功率 P_D 进行计算：

$$Q = K_Q \cdot \rho \cdot n^2 \cdot D^5 = 22\,327.45\ \text{N} \cdot \text{m}$$
$$P_D = 2\pi \cdot n \cdot Q = 3\,551\,619.35\ \text{W}$$

表 5.7　基于面元法的 MAU 四叶螺旋桨水动力性能计算结果

半径比	相对进流速度 /(mm·s^{-1})	推力系数 K_T	扭矩系数 $10K_Q$	效　率
0.1	1.234 833	0.332 77	0.343 2	0.154 33
0.2	2.469 666	0.285 12	0.302 2	0.300 35
0.3	3.704 5	0.236 47	0.258 9	0.436 16
0.4	4.939 3	0.186 8	0.213 2	0.557 8
0.419 2	5.175 9	0.177 2	0.204 2	0.578 7
0.5	6.174 166	0.136 2	0.165 3	0.655 82
0.6	7.048 999	0.084 55	0.114 9	0.702 58
0.7	8.643 832	0.031 91	0.062 2	0.571 11

根据最佳环量分布计算结果(表 5.5),基于面元法对原型 MAU 螺旋桨进行优化设计,其结果列于表 5.8 中。表 5.8 中的目标叶剖面设计要求即为满足最佳环量分布的叶剖面设计。

表 5.8　MAU 四叶桨的叶剖面优化设计结果

半径比	目标叶剖面设计要求					叶剖面优化设计参数				
	升力系数	最大厚度/mm	攻角/(°)	水动力螺距角/(°)	最大拱度	升力系数	阻力系数	最大厚度/mm	几何螺距角/(°)
0.184	0.661	0.208 0	1.322	48.90	0.026 12	0.661	0.031 11	0.208 0	50.222
0.211	0.587	0.192 3	1.174	44.88	0.023 27	0.587	0.027 50	0.192 3	46.054
0.265	0.499	0.165 2	0.998	38.47	0.019 95	0.499	0.023 39	0.162 5	39.468
0.340	0.412	0.135 4	0.824	31.71	0.016 69	0.412	0.019 73	0.135 4	32.534
0.433	0.333	0.107 5	0.666	25.90	0.013 72	0.333	0.016 71	0.107 5	26.566
0.536	0.270	0.083 7	0.540	21.41	0.011 32	0.270	0.014 44	0.083 7	21.950
0.644	0.227	0.064 3	0.454	18.10	0.009 68	0.227	0.012 89	0.064 3	18.554
0.747	0.197	0.049 6	0.394	15.73	0.008 52	0.197	0.011 90	0.049 6	16.124
0.840	0.182	0.039 2	0.364	14.06	0.007 95	0.182	0.011 38	0.039 2	14.424
0.915	0.173	0.033 1	0.346	12.94	0.007 61	0.173	0.011 12	0.033 1	13.286
0.969	0.186	0.031 2	0.372	12.25	0.008 20	0.186	0.011 24	0.031 2	12.622
0.996	0.496	0.031 4	0.992	11.92	0.021 88	0.496	0.018 67	0.031 4	12.912

5. 环量分布修正与验证

使用面元法预报设计优化后的螺旋桨敞水性能、压力分布及环量分布 $G(r)$,通过定义如式(5.45)的修正因子 $\delta G(r)$,比较优化设计后的螺旋桨环量分布与最佳环量分布,定义修正因子为

$$\delta G(r) = \frac{G_{\mathrm{opt}}(r) - G(r)}{G_{\mathrm{opt}}(r)} \tag{5.45}$$

利用修正因子 $\delta G(r)$ 调整螺旋桨各半径处叶剖面的攻角 α,即

$$\alpha^k(r) = \alpha^{k-1}(r)[1 + \delta G(r)] \tag{5.46}$$

其中 α^k 为第 k 次调整后的攻角,α^{k-1} 为第 $k-1$ 次调整后的攻角。

调整攻角 α 后,几何螺距角 θ_i 也发生改变,因此需要重新计算螺旋桨环量分布。若计算得到的环量分布与最佳环量分布之间误差不满足设计要求,则根据式(5.46)继续调整攻角进行迭代计算,直到设计螺旋桨的环量分布与最佳环量分布之间的误差在允许的范围内。最终设计的 MAU 四叶螺旋桨几何外形列于表 5.9。优化后螺旋桨的水动力性能列于表 5.10。

表 5.9　最终设计的 MAU 四叶螺旋桨几何外形

目标叶剖面设计要求					叶剖面优化设计参数				
半径比	升力系数	最大厚度/mm	攻角/(°)	水动力螺距角/(°)	最大拱度	升力系数	阻力系数	最大厚度/mm	几何螺距角/(°)
0.184	1.415 14	0.208 0	2.830 3	48.90	0.055 45	1.415 27	0.082 11	0.208 0	51.730 29
0.211	0.256 71	0.192 3	2.513 4	44.88	0.049 24	1.256 80	0.067 88	0.192 3	47.393 44
0.265	1.068 31	0.165 2	2.136 6	38.47	0.042 03	1.068 36	0.052 84	0.165 2	40.606 63
0.340	0.882 05	0.135 4	1.764 1	31.71	0.035 02	0.882 06	0.040 10	0.135 4	33.474 11
0.433	0.712 92	0.107 5	1.425 9	25.90	0.028 67	0.712 93	0.030 33	0.107 5	27.325 85
0.536	0.578 04	0.083 7	1.156 1	21.41	0.023 60	0.578 05	0.023 67	0.083 7	22.566 09
0.644	0.485 98	0.064 3	0.972 0	18.10	0.020 15	0.485 99	0.019 61	0.064 3	19.071 98
0.747	0.421 76	0.049 6	0.843 5	15.73	0.017 73	0.421 76	0.017 05	0.049 6	16.573 52
0.840	0.389 64	0.039 2	0.779 3	14.06	0.016 56	0.389 65	0.015 76	0.039 2	14.839 29
0.915	0.370 37	0.033 1	0.740 8	12.94	0.015 85	0.370 38	0.015 04	0.033 1	13.680 76
0.969	0.398 12	0.031 2	0.796 4	12.25	0.017 09	0.398 21	0.015 69	0.031 2	13.046 42
0.996	1.085 23	0.031 4	0.762 4	11.92	0.058 42	1.085 17	0.057 77	0.031 4	12.682 40

表 5.10　MAU 四叶设计螺旋桨与原型桨的水动力性能

优化设计螺旋桨的水动力性能				原型桨的水动力性能		
半径比	K_T	$10K_Q$	效率	K_T	$10K_Q$	效率
0.1	0.334 66	0.320 6	0.166 12	0.332 77	0.343 2	0.154 33
0.2	0.287 65	0.287 8	0.318 09	0.285 12	0.302 2	0.300 35
0.3	0.239 52	0.251 4	0.454 90	0.236 47	0.258 9	0.436 16
0.4	0.192 34	0.212 1	0.577 40	0.186 83	0.213 2	0.557 79
0.419 157	0.180 72	0.203 1	0.593 48	0.177 21	0.204 2	0.578 66

续表

半径比	优化设计螺旋桨的水动力性能			原型桨的水动力性能		
	K_T	$10K_Q$	效率	K_T	$10K_Q$	效率
0.5	0.139 92	0.167 4	0.665 21	0.136 20	0.165 3	0.655 82
0.6	0.088 43	0.119 8	0.705 07	0.084 55	0.114 9	0.702 58
0.7	0.035 79	0.068 4	0.582 98	0.031 91	0.062 2	0.571 11

6. 复合材料铺层设计与强度校核

复合材料螺旋桨的铺层设计,即确定螺旋桨的铺层方向、铺层顺序和铺层数,使得复合材料螺旋桨的应力或变形等参数符合设计需求。目前复合材料螺旋桨的铺层设计通常结合有限元仿真进行,设计与仿真交叉迭代进行。对设计好的一种复合材料铺层方案进行有限元模拟,获得螺旋桨的应力、应变结果后返回到设计阶段进行优化,更改铺层方案,直到铺层方案满足设计要求。

通过计算选择一种适合桨叶外形,并且工作状态下性能最佳的铺层方式:$[0_2/45_2/90_4/45_6/90_6/45_6/90_6]_s$。铺层参考方向同螺旋桨桨叶坐标系的 y 轴方向,层合板厚度方向同螺旋桨 z 轴方向。碳纤维复合材料选用编织布,材料参数见表 5.11。

表 5.11 编织复合材料参数

E_1/Pa	E_2/Pa	G_{12}/Pa	ν_{12}	$\rho/(kg \cdot m^{-3})$
7.626×10^{10}	7.626×10^{10}	4.9×10^9	0.32	1 536

为简化分析过程,可以仅对单个桨叶进行计算分析。由于桨叶固定在桨毂上,可以将桨叶看作叶根固定的悬臂梁结构。将面元法得到的螺旋桨桨叶的压力分布作为有限元分析的载荷,在有限元软件(如 ABAQUS)中计算得到叶面、叶背的 Mises 应力分布云图,如图 5.14 和图 5.15 所示,桨叶叶根的叶背一侧为应力最大处,应力集中部分的放大图如图 5.16 所示。

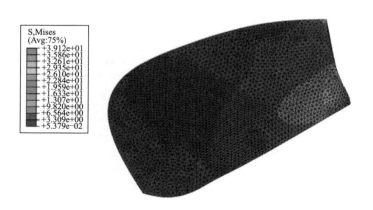

图 5.14 MAU 四叶复合材料螺旋桨叶面应力分布

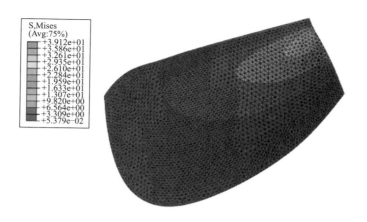

图 5.15　MAU 四叶复合材料螺旋桨叶背应力分布

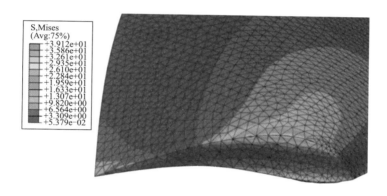

图 5.16　MAU 四叶复合材料叶根处应力分布

由单个桨叶的应力分布可以看出，桨叶叶根处应力集中比较明显，最大应力达到 39.12 MPa，理论上满足复合材料强度极限要求，该复合材料螺旋桨能通过强度校核。

7. 空泡校核

空泡校核的方法很多，这里采用常用的柏利尔限界线方法。柏利尔根据各类船舶螺旋桨的统计资料，提出了用于螺旋桨空泡校核的限界线，如图 5.17 所示。

下面仍以所设计的 MAU 四叶复合材料螺旋桨为例，对该螺旋桨进行空

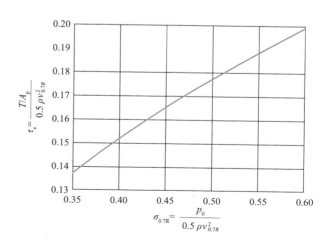

图 5.17　柏利尔限界线

泡校核。设船舶航行时的环境参数见表 5.12。

所设计的 MAU 四叶复合材料螺旋桨的盘面比为 0.544，伴流分数 $w=0.35$，轮船的航速 $v=15.48$ kn，转速 $n=155$ r/min，螺旋桨直径 $D=4.78$ m，螺旋桨收到功率 $P_D=3\,503\,033.446\,5$ W，设计进速效率 $\eta_0=0.578\,7$（见表 5.10）。按照表 5.13 可逐个计算空泡校核所需参数，得到满足空泡要求的最小盘面比。

表 5.12　船舶航行时的环境参数

环境参数	数　值
海水密度 $\rho/(\text{kg}\cdot\text{m}^{-3})$	1 025.776
螺旋桨轴线沉没深度 h_s/m	5.99
海水压力 $\gamma h_s/\text{Pa}$	60 172
标准大气压力 p_a/kPa	101.325

表 5.13　MAU 四叶复合材料螺旋桨空泡校核计算表

序号	计算项目	数　值	单　位
1	盘面比 A_E/A_0	0.544	—
2	$p_0 = p_a + \gamma h_s$	161 515.526	Pa
3	$v_A = 0.515(1-\omega)v$	5.182	m/s
4	v_A^2	26.853	$(\text{m/s})^2$
5	$0.7\pi\dfrac{n}{60}D$	27.155	m/s
6	$\left(0.7\pi\dfrac{n}{60}D\right)^2$	737.383	$(\text{m/s})^2$
7	$v_{0.7R}^2 = v_A^2 + \left(0.7\pi\dfrac{n}{60}D\right)^2$	764.236	$(\text{m/s})^2$
8	$\dfrac{1}{2}\rho v_{0.7R}^2$	391.967	kPa
9	$\sigma_{0.7R} = \dfrac{p_0}{\frac{1}{2}\rho v_{0.7R}^2}$	0.412	—
10	查图 5.17 得 τ_c	0.155	—
11	$T = 75\dfrac{P_D}{v_A}\eta_0$	391.201	kN
12	$A_P = \dfrac{T}{\tau_c \cdot \frac{1}{2}\rho v_{0.7R}^2}$	6.439	m^2
13	$A_E = \dfrac{A_P}{1.067 - 0.229\dfrac{P}{D}}$	7.069	m^2

续表

序号	计算项目	数 值	单 位
14	$A_0 = \frac{\pi}{4} D^2$	17.945	m²
15	最小盘面比 $\frac{A_E}{A_0}$	0.394	——

求得所需的最小盘面比为 0.394,所设计的 MAU 四叶复合材料螺旋桨盘面比为 0.544,因此符合空泡要求,至此完成了复合材料螺旋桨的设计。

5.4 复合材料螺旋桨疲劳分析

对复合材料螺旋桨进行疲劳分析,需要明确复合材料的疲劳性能以及螺旋桨结构的载荷历程。复合材料的疲劳性能可以由试验获得的 S-N 曲线来描述,即在一定应力幅值 S 下复合材料试样能够承载的循环应力次数 N。复合材料螺旋桨所受载荷包括机械振动、噪声、流体交变载荷等,其中振动和噪声由船舶和螺旋桨本身的运作导致,流体交变载荷由风、浪、洋流等复杂的工作环境引起,因此要明确复合材料螺旋桨结构所受的载荷也是一个很复杂的问题。目前可以通过试验对螺旋桨工作过程中所受到的动态载荷进行测试,将试验获得的载荷数据用于强度、疲劳分析,但试验成本较高,也不适用于复合材料螺旋桨的设计阶段。因此在复合材料螺旋桨的设计阶段,可以采用给定幅值的正弦曲线作为螺旋桨的载荷曲线,对螺旋桨的疲劳性能进行校核。

疲劳分析主要分为时域法和频域法。所谓时域法,首先计算结构在时域中随机荷载的响应,得到响应的函数关系;然后计算应力幅值数据,作为结构疲劳损伤分析的参数。传统的 S-N 曲线法是早期广泛使用的方法;后来又提出雨流法并得到发展,使得雨流法也常在实际中应用。所谓频域法,就是采用功率谱的方式来表示应力信息,用频率表达应力预测结构疲劳寿命。频域分析方法是以时域分析方法为基础发展而来的,相对于时域分析方法,频域分析方法计算效率明显更高,同时具有步骤简单、参数少、易于应用等优点,近年来发展很快并得到广泛应用。

基于功率谱密度法的随机振动疲劳寿命评估就是一种频域方法,具有简单、快捷的优点,可以在设计阶段对复合材料螺旋桨的疲劳性能进行评估。

5.4.1 疲劳寿命评估理论

1. S-N 曲线

S-N 曲线是描述材料疲劳性能参数的曲线。使用若干个标准试验件在一定的平均应力 S_m(或在一定循环特征 R)和不同应力幅值 S_a(或不同的最大应力 S_{max})下进行疲劳试验,测量出标准件疲劳断裂时的循环次数 N,然后以应力幅值 S_a(或者最大应力 S_{max})为纵轴,以循

环次数 N 为横轴,画出材料的 S-N 曲线。通常情况下 S-N 曲线以 S-$\lg N$ 的形式给出。

2. 疲劳损伤累积理论

(1)线性累积损伤理论

线性累积损伤理论认为,结构在各级应力下的疲劳损伤独立且可以线性累加,当损伤累积到最终断裂的临界值时,认为结构失效。线性累积损伤理论可以表示为

$$\sum_{i=1}^{n}\frac{n_i}{N_i}=1 \tag{5.47}$$

上式也称为帕姆格伦-迈因纳(Palmgren-Miner)方程式。式中 n_i 为第 i 级应力的平均循环次数,N_i 为第 i 级应力的最大(或极限)循环次数。

(2)双线性累积损伤理论[格罗弗-曼森(Grover-Manson)理论]

该理论根据疲劳裂纹的形成和扩展两个阶段提出,认为这两个阶段分别遵循两种不同线性方程。该理论比线性累计损伤理论更加精确,形式简单,但不能模拟实际损伤过程,两阶段的分界点也难以确定,实际工程应用仍存在困难。

此外,还有一些非线性疲劳累积损伤理论,如科尔顿-多兰(Corten-Dolan)累积损伤理论、Marco-Starkey 理论、Henry 疲劳累积损伤理论等,但大多存在公式复杂、参数难以确定等问题,工程上难以运用。

3. 随机过程谱参数

随机过程的谱矩是描述概率密度函数的数字特征,平稳过程的谱矩 m_i 由单边谱密度计算:

$$m_i=\int f^i G(f)\mathrm{d}f$$

式中,f 为频率,单位为 Hz;$G(f)$ 为应力功率谱密度(PSD)函数,单位为 $\mathrm{MPa^2/Hz}$。

4. 峰值概率密度函数

首先引入随机参与因子 γ 来判断平稳随机过程属于宽带还是窄带过程:

$$\gamma=\frac{m_2}{\sqrt{m_0 m_4}}$$

当 γ 趋近于 0 时,可以认为平稳随机过程属于宽带随机过程;当 γ 接近 1 时,可以认为是窄带过程。特别的,当 γ 等于 0 时,认为平稳随机过程为白噪声,当 γ 等于 1 时,认为平稳随机过程是一个单频简谐波。

受载结构的响应功率谱通常是宽带的,而相应的应力峰值概率密度函数是介于 Gauss 分布和 Rayleigh 分布之间的一种分布。一些研究者运用蒙特卡罗模拟时域载荷的伪随机过程,然后将频域结果与时域结果进行比较,改变加权系数从而使结果差别最小,或者直接进行修正系数的拟合,达到半经验模型预测的目的。对于一个高斯平稳过程,峰值概率密度关于应力 S 的函数解析形式为

$$p(S)=\frac{\varepsilon}{\sqrt{2\pi}}\mathrm{e}^{-\frac{S^2}{2\sigma_S^2\varepsilon^2}}+\gamma\frac{S}{2\sigma_S^2}\left[1+\mathrm{erf}\left(\frac{S\gamma}{\sqrt{2}\,\sigma_S\varepsilon}\right)\right]\mathrm{e}^{-\frac{S^2}{2\sigma_S^2}} \tag{5.48}$$

式中,误差函数 $\mathrm{erf}(x)$ 定义为

$$\text{erf}(x) = \frac{2}{\sqrt{\pi}} \int_0^x \mathrm{e}^{-t^2} \mathrm{d}t \tag{5.49}$$

对于一个理想的宽带过程 $\gamma = 0$，符合 Gauss 分布的峰值概率密度函数为

$$p(S) = \frac{1}{\sqrt{2\pi}} \mathrm{e}^{-\frac{S^2}{2\sigma_S^2}} = \frac{1}{\sqrt{2\pi m_0}} \mathrm{e}^{-\frac{S^2}{m_0}} \tag{5.50}$$

对于一个理想的窄带过程 $\gamma = 1$，符合 Rayleigh 分布的峰值概率密度函数为

$$p(S) = \frac{S}{\sigma_S^2} \mathrm{e}^{-\frac{S^2}{2\sigma_S^2}} = \frac{S}{m_0} \mathrm{e}^{-\frac{S^2}{2m_0}} \tag{5.51}$$

对于不同的不规则因子 γ，峰值概率密度函数分布如图 5.18 所示。

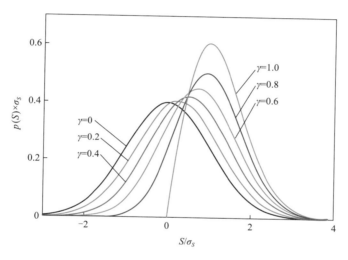

图 5.18　不同的不规则因子的高斯过程峰值概率密度函数

在频域分析上，Dirlik 公式是通过蒙特卡罗法进行全面的计算机模拟所得到的峰值概率密度公式，是具有较好精度的半经验公式。Dirlik 公式的各个参数和权值可通过功率谱密度函数的惯性矩导出。

Dirlik 公式假设在宽带过程中，应力循环的幅值概率密度函数是由一个指数分布和两个 Rayleigh 分布通过加权求和得到的，具体可表示为

$$p(S) = \frac{\dfrac{D_1}{Q} \mathrm{e}^{-\frac{Z}{Q}} + \dfrac{D_2 Z}{R^2} \mathrm{e}^{-\frac{Z^2}{2R^2}} + D_3 Z \mathrm{e}^{-\frac{Z^2}{2}}}{2\sqrt{m_0}} \tag{5.52}$$

$$D_1 = \frac{2(x_m - \gamma^2)}{1 + \gamma^2} \; ; \quad D_2 = \frac{1 - \gamma - D_1 + D_1^2}{1 - R} \; ; \quad D_3 = 1 - D_1 - D_2$$

$$Q = \frac{1.25(\gamma - D_3 - D_2 R)}{D_1} \; ; \quad R = \frac{\gamma - x_m - D_1^2}{1 - \gamma - D_1 + D_1^2} \; ; \quad Z = \frac{S}{2\sqrt{m_0}}$$

$$\gamma = \frac{m_2}{\sqrt{m_0 m_4}} \; ; \quad x_m = \frac{m_1}{m_0} \sqrt{\frac{m_2}{m_4}}$$

式中,Z 为正则化的幅值;m_0、m_1、m_2、m_4 为应力响应功率谱密度函数的谱矩。

5. 疲劳寿命估算模型

假设结构响应功率谱是宽带的,基于线性累积损伤理论,将不同应力循环幅值大小的结构损伤对所有应力幅值积分,得到累积损伤度 D,可表示为

$$D = \int_0^\infty \frac{n_S}{N_S} \mathrm{d}S \tag{5.53}$$

式中 N_S——表示应力水平为 S 时的极限循环次数,可由 S-N 曲线得到;

     n_S——在应力幅值为 S 时的平均循环次数,可以用该应力幅值的概率密度函数 $p(S)$ 计算:

$$n_S = E(M_T) \cdot T \cdot p(S) \tag{5.54}$$

其中 T——随机响应的作用时间,

     $E(M_T)$——单位时间内应力循环的平均发生率,对于窄带随机过程,$E(M_T)$ 为零穿越速率,$E(0) = \sqrt{m_2/m_0}$,对于宽带随机过程,$E(M_T)$ 为峰值出现速率,$E(p) = \sqrt{m_4/m_2}$。

若用幂函数形式拟合材料的 S-N 曲线,则可由下式计算出某应力幅值下的极限循环次数 N_S:

$$N_S = C \cdot S^{-b} \tag{5.55}$$

式中,C 和 b 为疲劳常数,仅和材料种类有关。

响应 PSD 为宽带时,将式(5.54)、式(5.55)带入式(5.53)可得

$$D = \frac{E(p) \cdot T}{C} \int_0^\infty S^b p(S) \mathrm{d}S \tag{5.56}$$

疲劳累积损伤理论认为,当结构的最危险部位的损伤度 D 达到 1 时,整个结构由于达到寿命极限而发生失效。令式(5.56)中的 D 等于 1,则可以计算得到结构的疲劳寿命 T:

$$T = \frac{C}{E(p) \int_0^\infty S^b p(S) \mathrm{d}S} \tag{5.57}$$

5.4.2 基于功率谱密度法的疲劳寿命评估方法

基于功率谱密度法的疲劳寿命评估方法的分析流程如图 5.19 所示。

基于功率谱密度法的疲劳寿命评估方法的分析流程主要包括以下几个步骤:

(1)建立螺旋桨有限元模型。建立有限元模型,包括建立几何模型,设置复合材料参数及铺层,划分有限元网格,设置边界条件,为频率响应分析做准备。

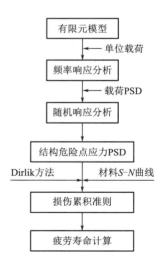

图 5.19   基于功率谱密度法的疲劳寿命分析流程

（2）频率响应分析。应用频域方法计算复合材料螺旋桨的疲劳寿命时，首先需要对结构进行频率响应分析，即在有限元软件中对结构施加单位载荷，进行频响分析。

（3）随机响应分析。获得频响分析结果后，向结构施加实际载荷的功率谱密度函数（PSD），进行随机响应分析，获得结构各单元在分析频率范围内的应力均方根值。

（4）获得结构危险点的 PSD 曲线。根据各单元的应力均方根值，确定应力均方根最大值所在节点，即结构危险点，输出该危险点的响应应力 PSD 曲线，作为后续结构疲劳寿命计算的输入条件。

（5）选择损伤累积准则。选择峰值概率密度函数的计算方法，并选择损伤累积模型，推导疲劳寿命计算公式。

（6）疲劳寿命计算。输入结构危险点响应应力 PSD 曲线、复合材料层合结构的 S-N 曲线，根据疲劳寿命计算公式得到复合材料螺旋桨的疲劳寿命。

5.4.3 复合材料螺旋桨疲劳寿命分析

根据图 5.19 的疲劳寿命分析流程，对所设计的复合材料 MAU 四叶螺旋桨进行疲劳寿命评估。

1. 建立螺旋桨有限元模型

将复合材料 MAU 四叶螺旋桨导入有限元软件（这里选用 MSC. Patran&Nastran 软件），输入复合材料单层板参数，设置螺旋桨桨叶和桨毂的复合材料铺层方向及厚度，划分四边形有限元网格，如图 5.20 所示，在桨毂远离船首的一端设置固支边界条件。

2. 频率响应分析

在叶背（即压力面）施加单位压力载荷 1，叶面（即吸力面）施加单位压力载荷 -1。施加单位压力载荷以及桨毂一端固支的 MAU 四叶螺旋桨载荷条件如图 5.21 所示。

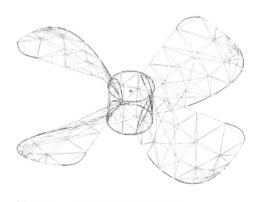

图 5.20　MAU 四叶螺旋桨有限元网格划分

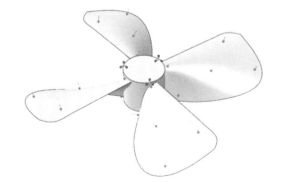

图 5.21　MAU 四叶螺旋桨载荷条件

设置频率范围为 0~5 000 Hz，频率步长为 100 Hz，对复合材料螺旋桨进行频响分析，可以获得 0~5 000 Hz 每间隔 100 Hz 频率下的单元应力。图 5.22 所示为 0 Hz 时复合材料螺旋桨在单位压力下的应力分布。

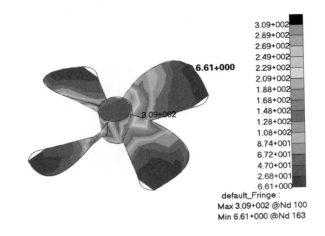

图 5.22　复合材料螺旋桨在单位压力载荷下的应力云图(0 Hz)

3. 随机响应分析

对复合材料螺旋桨进行频率响应分析后,需要对结构施加实际工况下的功率谱密度函数。为简化计算过程,这里施加一幅值与水动力计算结果中压强大小相近的正弦曲线[式(5.58)]作为时域载荷,通过傅里叶变换获得 0~5 000 Hz 的单边功率谱密度函数,单位为 MPa^2/Hz。

$$x = \frac{1}{4}[\sin(0.1t) + 1] \times 10^{-3} \tag{5.58}$$

式中,x 为时域压力载荷;t 为加载时间。

应用 MSC. Patran 的随机分析(random analysis)模块,输入上一步获得的频响分析结果和载荷 PSD,即可获得复合材料螺旋桨的随机响应应力均方根结果,如图 5.23 所示。可以通过最大应力节点或云图红色区域判断结构危险点的位置。

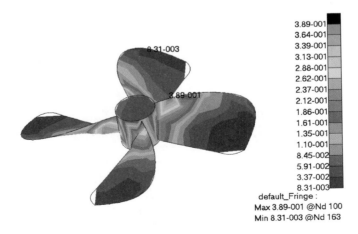

图 5.23　复合材料螺旋桨随机响应应力均方根云图

4. 获得结构危险点的 PSD 曲线

通过随机响应分析获得的应力均方根云图,确定结构危险点并输出该节点的响应应力功率谱密度,如图 5.24 所示。

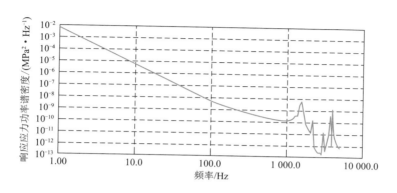

图 5.24　结构危险单元的响应应力功率谱密度

5. 疲劳寿命计算

通过结构危险点的响应应力功率谱密度分别计算第 0、1、2 和 4 阶谱矩 m_0、m_1、m_2 和 m_4,从而可以计算出不规则因子 γ 为 0.001 302,因此该随机过程符合宽带的特征。这里采用如式(5.55)所示的幂函数形式的复合材料层合板 S-N 曲线,其中与材料相关的常数 C 和 b 分别取 36.459 2 和 11.477 7,应力 S 的取值范围为 0~0.5 MPa。根据式(5.57)计算获得复合材料 MAU 四叶螺旋桨的疲劳寿命为 3.87×10^9 s,即 122.80 年,折合循环加载次数为 1.23×10^8 次。一般工程上要求复合材料螺旋桨的循环加载次数在 10^6 次以上,因此该螺旋桨的疲劳性能满足要求。

5.5　复合材料螺旋桨的工艺设计

复合材料产品的成型工艺繁多,如手糊成型工艺、喷射成型工艺、树脂传递模塑工艺等。根据船用复合材料螺旋桨的结构特点,选择合适的制造加工工艺,对船用螺旋桨的结构强度、水动力性能至关重要。

手糊成型工艺是一种成本低、设备要求低、简单易行的成型方式,但难以满足尺寸精度和可靠性的要求;喷射成型工艺在手糊成型工艺的基础上进行了改进,但难以满足螺旋桨桨叶的强度和刚度要求,且无法调整纤维增强复合材料的铺层结构。

树脂传递模塑(RTM)工艺是一种闭模成型技术,即在一定温度和压力下,使用注射设备将树脂基体材料注入增强材料预制成型体,预制成型体被树脂材料充分浸润后进行树脂基体固化。RTM 工艺适用于船用复合材料螺旋桨这类薄壳形式、几何形状复杂、尺寸精度要求高的结构件制造加工。因此这里选用 RTM 工艺对设计好的复合材料 MAU 四叶螺旋桨进行制造加工。RTM 工艺的基本原理如图 5.25 所示,主要分为四个步骤:①纤维增强材料预制成型体的预制与安装;②树脂注模;③树脂固化;④脱模及加工。

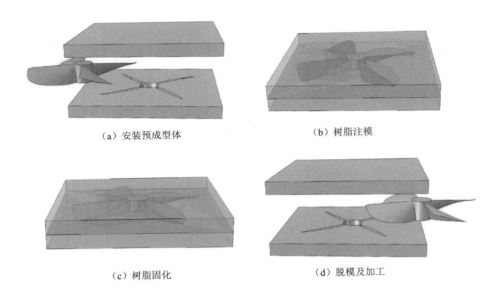

（a）安装预成型体　　　　　　（b）树脂注模

（c）树脂固化　　　　　　（d）脱模及加工

图 5.25　RTM 工艺流程示意图

与传统的复合材料成型工艺相比,船用螺旋桨采用 RTM 工艺具备以下优点:

（1）RTM 工艺的增强材料预成型和树脂注射固化两个步骤可分别进行设计,具有很好的灵活性和设计性。

（2）闭模成型工艺是一种制造高质量纤维增强复合材料的工艺,通过加压树脂在模具中的快速流动来完成复合材料纤维增强体与树脂基体之间的浸润,可保证叶片的气动特性。

（3）低压注射技术有利于大尺寸、几何形状复杂、表面光滑、精度要求高的螺旋桨结构制造。

如果 RTM 工艺的树脂与纤维的浸润性能不够理想,或者在注射树脂的过程中出现气泡、物料残留等缺陷,可以在工艺设计阶段对树脂注射过程进行数值模拟,从而优化制备工艺,提高树脂基体与纤维增强体之间的浸润性,降低 RTM 工艺复合材料产品的孔隙率。

参考文献

[1] 王耀先.复合材料力学与结构设计[M].上海:华东理工大学出版社,2012.

[2] 盛振邦,刘应中.船舶原理[M].上海:上海交通大学出版社,2004.

[3] 钱江,李楠,史文强.复合材料在国外海军舰船上层建筑上的应用与发展[J].舰船科学技术,2015,37(1):233-237.

[4] 王国强,董世汤.船舶螺旋桨理论与应用[M].哈尔滨:哈尔滨工程大学出版社,2007.

[5] 张帅,朱锡,孙海涛,等.船用复合材料螺旋桨研究进展[J].力学进展,2012,42(5):620-633.

[6] MARSH G. A new start for marine propellers? [J]. Reinforced Plastics,2004,48(11):34-38.

[7] 司卫华.船舶复合材料国外最新进展[J].塑料工业,2011,39(6):1-7.

［8］ 张文毓.船舶复合材料的研究与应用进展[J].船舶物资与市场,2017(6):41-46.

［9］ 洪毅.复合材料船用螺旋桨结构设计研究[D].哈尔滨:哈尔滨工业大学,2006.

［10］ 周斌.四桨两舵大型船舶螺旋桨的面元法设计研究[D].哈尔滨:哈尔滨工程大学,2010.

［11］ 王超.螺旋桨水动力性能、空泡及噪声性能的数值预报研究[D].哈尔滨:哈尔滨工程大学,2010.

［12］ 洪毅.高性能复合材料螺旋桨的结构设计及水弹性优化[D].哈尔滨:哈尔滨工业大学,2010.

［13］ 许震宇,施鹏,李沙.某型复合材料桨毂固有振动特性的数值和实验分析[J].玻璃钢/复合材料,2013(8):9-11.

［14］ 张军,沙云东,倪绍华.基于功率谱密度的结构声疲劳寿命估算方法研究[J].沈阳航空航天大学学报,2008,25(1):11-14.

［15］ SHAH D U,SCHUBEL P J,CLIFFORD M J,et al. Fatigue life evaluation of aligned plant fibre composites through S-N,curves and constant-life diagrams[J]. Composites Science & Technology,2013(74):139-149.

［16］ 张鸿名.船用复合材料螺旋桨成型工艺研究[D].哈尔滨:哈尔滨工业大学,2009.

第6章　飞机复合材料水平尾翼设计

6.1　概　　述

先进复合材料是20世纪60年代崛起的一种新材料,并在后续的研究过程中展现出强大的生命力。目前先进复合材料在航空航天结构中获得了广泛的应用,并已与铝合金、钛合金、合金钢一起成为航空航天的四大结构材料。复合材料在飞机上的应用部件如图6.1所示。

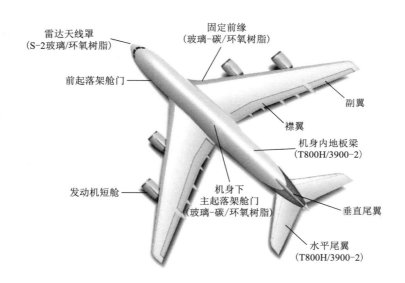

图 6.1　复合材料在飞机上的应用

飞机结构的设计和发展与采用性能优越的新材料密切相关。20世纪30年代铝合金的问世,取代了帆布和木材,曾给飞机结构设计带来了一次革命性的飞跃。如今,先进复合材料的应用,同样引起了飞机结构设计上的重大技术变革。这一变革必将有力地推动航空航天事业的进一步发展,使飞机在飞行距离、载客人数上有长足进步,制造成本、维护成本大幅降低。

由于复合材料的刚度和性能相当于或超过铝合金,且其密度低于金属,目前被大量应用于飞机机身结构和机翼结构的制造、小型无人机整体结构制造等。复合材料的用量多少已成为衡量飞机先进性的重要标志,同时也是提升飞机性能的有效手段。

减轻结构重量对现代飞行器具有特殊重要的意义,不仅可以降低能源消耗,还可以提高飞行器性能,比如可以提高作战飞行器的灵活性、高集结性和高机动性。先进复合材料具有比强度和比刚度高、性能可设计等诸多优异特性,具体材料参数比较见表6.1。将复合材料用于飞机结构上,可比常规的金属结构减重25%~30%,并可明显改善飞机气动弹性特性,提高飞行、操控能力,这是其他材料无法比拟或难以达到的。

表 6.1 材料性能参数比较

材 料	纤维体积含量/%	密 度/(g·cm⁻³)	比模量/(MN·kg⁻¹)	比强度/(MN·kg⁻¹)
碳纤维/环氧树脂	58	1.54	54	0.25
芳纶纤维/环氧树脂	60	1.4	29	0.46
低碳钢	—	7.8	27	<0.11
铝合金	—	2.7	27	0.15

复合材料具有整体成型容易、抗疲劳和耐腐蚀特性优异等特点,使复合材料结构的全寿命成本大大低于传统的金属结构。先进复合材料可设计性、功能性还可以推进隐身和智能结构设计技术的发展。

6.1.1 复合材料在航空领域发展历程

复合材料的使用历史可以追溯到古代,很早以前人们就会使用天然的复合材料,如木材、竹、骨骼等。最原始的人造复合材料是在黏土泥浆中掺稻草,制成土砖,在灰泥中掺马鬃或在熟石膏里加纸浆,可制成纤维增强复合材料。

从20世纪40年代,因航空工业的需要,玻璃纤维增强树脂基复合材料,特别是玻璃纤维/环氧树脂复合材料在飞机结构中得到了大量的应用,虽然这种应用局限于诸如操纵面、整流罩和雷达罩等零部件,却为飞机减重提供了技术支持,为复合材料应用开发了新的领域。另外大量采用玻璃纤维/环氧树脂复合材料的一个方向是直升机旋翼桨叶,复合材料桨叶可大幅提升使用寿命,提高了旋翼系统的安全性。这种复合材料在飞机结构中未得到普遍应用的原因是,虽然其比强度比金属材料优越很多,但比刚度却不满足要求。对于高速飞机来说,刚度是和强度同样重要的设计要求。1960年前后,英国研制出了碳纤维,几乎同时期美国研制出了硼纤维,从而使得复合材料广泛应用于飞机结构成为可能。由于成本的原因,目前在飞机结构中主要使用的是碳纤维复合材料。70年代出现了芳纶纤维和碳化硅纤维,这些高强度高模量纤维能与合成树脂、碳、石墨、陶瓷、橡胶等非金属基体或铝镁、钛等金属基体复合,构成各具特色的复合材料。20世纪80年代以后,随着设计、制造和测试等方面的积累,加上各类作为复合材料基体的材料改进,使现代复合材料的发展达到了更高的水平,即进入高性能复合材料的发展阶段。

以美国为例,复合材料在飞机结构中的应用情况大致可以分为四个阶段:

第一阶段首先应用于受力很小的构件,如各类口盖、舵面、阻力板、起落架舱门、前缘整流罩、扰流板等,据统计可减重 20% 左右。

第二阶段用于受力较小的部件,如升降舵、方向舵、襟副翼等。

第三阶段用于承力大的部件,如安定面、全动平尾、前机身段、机翼等,据估计可减重 25%~30%。

第四阶段是应用于复杂受力部位,如中机身段、中央翼盒等,据估计可减重 30%。

从上述各阶段中明显可以得出:复合材料的应用部件是由小到大、由少到多、由弱到强,循序渐进,一步一步走过来的。如第三阶段中完成了 B737 平尾、DC-10 垂尾、L-1011 垂尾 3 个尾翼的研制、试用和鉴定,此后在 B737、B747、B757 和 B767 上复合材料正式进入批量生产应用。在 B777 上则正式应用于平尾、垂尾和机身地板梁等处,用量达 9 900 kg,占结构总重量的 11%,已具备相当的规模。

再看欧洲的情况,20 世纪 60 年代为复合材料的发展阶段,70 年代初期进入应用阶段,历程和美国相似,先应用在舵面,再拓展到尾翼。1978 年开始研制 A320 的复合材料垂尾,至 1985 年完成,实现了减重 20% 的目标。此后 A320、A330、A340 等机型上均大量使用了复合材料,并把复合材料的用量扩大到 15% 左右。80 年代以后服役的战斗机,其机翼、尾翼等部件基本上都采用了先进复合材料,用量已达到机体结构重量的 20%~30%。

美国 20 世纪 80 年代研制的隐身飞机 B-2 的主结构均采用复合材料,其用量已达到 40% 左右,并采用了异形截面碳纤维和三向编织结构等新技术。但从 20 世纪 90 年代以后,飞机结构设计由单一追求性能(减重)转向同时考虑制造成本,从而影响了复合材料在结构中的应用,复合材料占结构重量的比例有所下降,其中 F/A-18E/F/G 的用量为 22%,F-22A 的用量为 26%,F-35(JSF) 的用量为 36%。此外,除了通过自动铺带机和纤维自动铺放机的使用来提高生产效率降低废品率外,还重点开发了基于共固化/共胶接的整体化结构设计与制造技术,以大大降低零件数量和制造成本。

6.1.2 复合材料在民用飞机上的应用

民用飞机作为以载客飞行和运营为目的的交通工具,与军用飞机相比,对飞机结构及零部件工作的经济性、可靠性要求更为严格。民航上的复合材料应用受限,未能如军用机那样广泛使用。民用飞机复合材料的使用分为两大类:一为结构件用复合材料;二为舱内材料。常见复合材料在民航上的应用情况见表 6.2。

表 6.2 复合材料民机应用情况

机 种	用量/%	应 用 情 况
DC10	1	垂直安定面、方向舵
B737	1	水平安定面

续表

机　种	用量/%	应　用　情　况
B767	3	副翼、内侧扰流板、方向舵、升降舵
B777	10	垂尾、平尾、襟副翼、扰流板、发动机舱、起落架舱门
B787	50	垂尾、平尾、襟副翼、机身、扰流板、发动机舱、起落架舱门、整流罩等
A320	5.5	襟翼、水平尾翼、垂直尾翼
A330	12	襟翼、水平尾翼、垂直尾翼
A380	25	机翼、中央翼、垂尾、平尾、尾锥、后增压舱、起落架舱门、整流罩等

1. 复合材料在 A380 上的应用

空客公司已研制成超大型客机 A380,该机复合材料用量占比 25%,主要应用部件包括中央翼、外翼、垂尾、平尾、机身地板梁和后承压框等,仅中央翼盒就用复合材料 5 300 kg,实现减重 1 500 kg,板厚可达 45 mm,对接主交点处厚达 160 mm,可以承受很大的荷载。其水平尾翼的大小超过 A320 的机翼,半展长 19 m,内装燃油,其机身后承压框 6.2 m×5.5 m,上有泡沫塑料充填的加强筋,用树脂膜浸透(RFI)技术成型,号称是世界上最大的 RFI 整体成型构件。机身 I 型地板梁,跨度近 6 m,两端固支,受载很大,由日本的 JAMCO 公司采用创新的拉挤技术制造。A380 机身上还大量应用了 Glare 层板,约占结构总重的 3%~4%,与相应的铝合金板比减重 25%~30%,疲劳寿命提高 10~15 倍,长达 14 m 的垂尾前缘也拟采用该层板。Glare 是玻璃纤维增强铝合金层板,是一种超混杂复合材料,由荷兰 Delft 大学最先研究开发,已有 20 多年的历史,较之以前应用的 ARALL 层板,Glare 有更好的双周疲劳性能,且成本较低,只是密度稍大一些。A380 是第一个将复合材料用于中央翼盒的大型民用飞机,开创了大型民用飞机大规模应用复合材料的先河。

2. 复合材料在 B787 上的应用

美国波音飞机公司研制 B787"梦想"(Dreamliner)飞机,为大幅度减轻结构重量,提高燃油效率 20%,大量采用了复合材料。B787 共用复合材料占比约为 50%,具体材料分布如图 6.2 所示。考虑到复合材料密度较低,全机主要结构均采用复合材料制成,从外表面看,除机翼、尾翼前缘(防鸟撞)、发动机挂架(防高温)外几乎看不到金属。主要应用部位包括机翼、机身、垂尾、地板梁、部分舱门、整流罩等,甚至还包括了起落架后撑杆、发动机机匣、叶片等部位。需特别指出,这是世界上第一个采用复合材料机翼和机身的大型客机,其应用水平远远超过 B777 和 A380,世界公认这是复合材料发展史上一个重要的里程碑。B787 的主要用材体系为 T800S/3900-2,纤维为日本东丽公司产品,树脂为改性的韧性环氧(177 ℃ 固化)。所用的新技术还包括 TiGr 层板,即碳纤维增强钛板,由 IM6/PEEK 与钛箔相间制成,也是一种新的超混杂复合材料,同样具有优异的抗疲劳性能和耐高温性能。波音公司认为复合材料除减重外,还可提供更好的耐久性、耐腐蚀性,可减少维护和降低成本(较 B767 降低了 30% 的成本)。

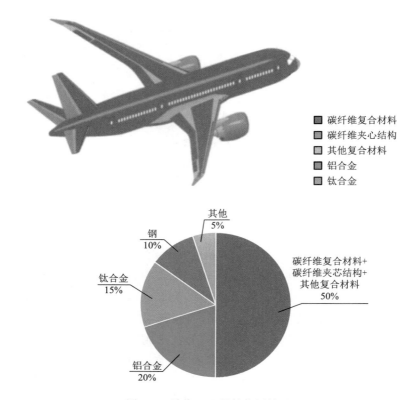

图 6.2 波音 787 材料使用情况

6.1.3 复合材料在军用飞机上的应用

为满足新一代战斗机对高机动性、超音速巡航及隐身的要求,进入 20 世纪 90 年代后,西方的战斗机无一例外地大量采用了复合材料结构。先进的复合材料也大大增加了军用运输机的有效载重,提高了军用飞机的载油量,克服了常规材料在高超声速飞行器研制中存在的瓶颈问题。常见复合材料在军机上的应用情况见表 6.3 所列。

表 6.3 军机复合材料应用

机型	国家	用量/%	应 用 情 况	首飞时间
AV-8B	英国	25	前机身、控制面、平尾蒙皮、机身蒙皮和支撑结构	1969 年
F15	美国	1.5	平尾、垂尾蒙皮、减速板	1976 年
F16	美国	5	平尾、垂尾蒙皮、控制面	1978 年
F18	美国	9.9	机翼、平尾、垂尾蒙皮、控制面、舱门、机身壁板	1983 年
X-29	美国	5	平尾、垂尾蒙皮、控制面	1984 年
Z9	中国	25	旋翼、涵道垂尾、尾桨叶、机身等	1985 年
Rafale	法国	40	机翼、垂尾、机身、副翼、方向舵等	1986 年

续表

机型	国家	用量/%	应 用 情 况	首飞时间
JAS-39	瑞典	30	机翼、垂尾、前机身、副翼、方向舵、各种口盖等	1988 年
B-2	美国	40	机翼、机身	1989 年
V-22	美国	45	机翼、机身、发动机悬挂接头、叶片紧固装置等	1989 年
F22	美国	25	机翼壁板、垂尾、机身蒙皮、方向舵、各种口盖等	1990 年
EF-2000	欧洲	50	机翼、垂尾、机身、副翼、方向舵等	1994 年
RAH-66	美国	51	机身蒙皮、舱门、中央龙骨大梁、整流罩、旋翼等	1995 年
JXⅡ	中国	2	机翼壁板、外翼壁板、主起落护板	1995 年
JXⅢ	中国	1.7	前机身、垂尾	1995 年
S-37	俄罗斯		机翼、进气道、机身、保形外挂架等	1997 年
F35	美国	31	前机身、控制面、平尾蒙皮、机身蒙皮和支撑结构	1997 年
JX	中国	6	垂尾、副翼、方向舵、鸭翼、腹鳍	1999 年
全球鹰	美国	65	机翼	2000 年
A400M	欧洲	40	机翼、中央翼、襟副翼、平尾、垂尾、起落架舱门、货舱门、整流罩、扰流板	2009 年
幻影眼	美国		机翼、机身	2012 年
彩虹 5	中国		机翼	2015 年

　　复合材料在军用飞机上的应用有两大关键技术,一是功能结构一体化设计技术,二是低成本制造技术。军用飞机的设计除了要考虑结构安全性外,还要融入更多的功能性,如结构/隐身、结构/防热等,以提升军用飞机的作战能力。军用飞机作为武器装备有毁损的可能,采用低成本制造技术可减少战斗中的损失。

6.2　复合材料水平尾翼设计特点

6.2.1　飞机复合材料结构设计流程

　　飞机复合材料结构设计的要求和原则与金属结构基本上相同,但是复合材料结构具有可设计性、结构成型与材料成型同步完成的特点,在设计时应注意各方面的协调配合和一体化。除此之外,环境中的一些因素如湿热、冲击等会使复合材料的结构设计相较于金属材料而言更注重材料性能、结构设计与分析和工艺制造等方面。

　　飞机复合材料结构设计采用并行工程方法,具体设计步骤为:①确定设计条件,包括结构的性能要求、载荷情况、环境条件和工艺条件等;②进行结构选材和层压板设计,考虑基本性能、工艺性、成本和环境等因素,随后按照性能要求进行铺层设计;③确定设计许用值,选择构件的典型铺层和厚度,重点给出冲击后压缩破坏应变、开孔拉伸破坏应变和连接的许用值,同时考虑湿热影响和分散性,还应给出疲劳性能;④进行结构选型和细节的设计,根据结构设计要求和结构外形外部条件,选择适当的结构形式,对损伤容限的关键部位要考虑结构形式抵抗冲击损伤的能力;⑤对典型结构件和全尺寸结构件进行试验验证,通过积木式设计验证试验方法,分阶段对关键部位的结构功能能否满足规定的设计要求进行验证;⑥对全尺寸部件进行试验验证,看其是否能满足结构的完整性要求。具体的结构设计流程如图 6.3 所示。

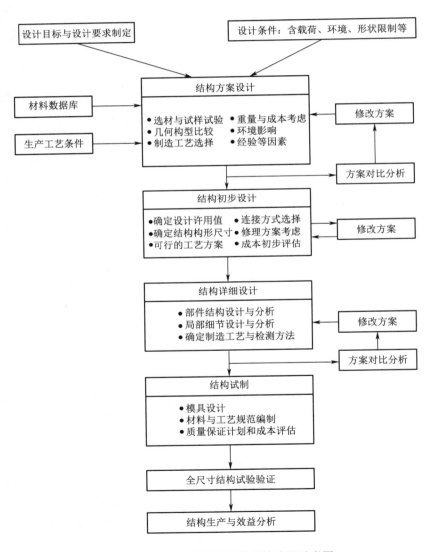

图 6.3 飞机复合材料结构设计流程示意图

6.2.2　飞行器复合材料的结构设计要求

在进行飞行器复合材料结构设计时,应明确设计条件,提出性能要求。除综合考虑复合材料自身的特点外,还应满足以下几项要求:

(1)注意复合材料与金属材料的差异。复合材料结构一般采用许用应变设计。不论采用何种方法设计,都应注意复合材料在性能、失效模式、耐久性、工艺制造、质量控制等方面与金属材料有较大差异,都应保证结构在使用载荷下有足够的强度和刚度,在设计载荷下安全裕度应大于零。

(2)考虑环境对材料性能的影响。在确定复合材料结构设计许用值时,必须考虑环境对材料性能的影响。环境因素包括温度、湿度、紫外线辐射、冰雹和外物的冲击、雷电、风沙、腐蚀介质等,但是对于复合材料结构,最主要的环境因素是温度、湿度以及在生产使用中可能出现的最大不可见冲击损伤。

(3)考虑材料的经济性。复合材料结构的安全水平不能低于同类金属结构。复合材料的成本要高于金属,在结构设计的经济性原则下,复合材料结构应优于同类金属结构。

(4)防止电偶腐蚀。在复合材料结构中,应特别注意防止与金属零件接触时的电偶腐蚀,由此会引发性能损失。

(5)防雷、防静电、防电磁兼容。由于复合材料的导电性能远不如金属材料,对复合材料飞行器结构必须进行防雷击、防静电、防电磁兼容设计与实验验证。飞行器的头部以及翼面结构的尖端和前缘等部位易受雷击,应进行防雷击设计与验证。

(6)尽量设计成整体件。应尽量将复合材料结构设计成整体件,并采用共固化或二次固化、二次胶接技术,以减轻重量和提高产品质量,但应注意共固化引起的结构变形和胶接质量问题。

除以上的一般要求外,复合材料飞行器结构设计在静强度设计、耐久性设计、损伤容限设计和结构制备工艺等方面还有一些不同于金属结构的特殊要求,设计时均应考虑。

6.2.3　复合材料飞机结构设计准则

1. 民用飞机结构完整性

民用飞机结构完整性是指在预期的使用和环境条件下,在给定设计使用寿命期内,满足型号设计要求,包括结构性能与功能、可靠性、安全性和保障性的固有特性。性能包括:结构强度、刚度、疲劳、耐久性、损伤容限、破损安全/安全寿命、气动弹性、耐撞损性、闪电防护性、可维修性等。对影响机体安全可靠使用的主要结构及次要结构,应全面综合考虑:载荷环境(载荷、重复载荷、振动、噪声、气动弹性、受热等)与外界自然环境(化学、气候、雷击、外来物等)以及强度、刚度、疲劳、耐久性、损伤容限等要求。结构完整性通过机体结构设计和整机试验的结合来实现,通过型号合格审定证实,并通过维修保证适航可持续。民用飞机结构完整性的技术内涵分析见表 6.4(供参考)。表中对比列出民用飞机与军用飞机结构完整性的技术内涵,有助于理解两者设计准则要求的差异缘由。

表 6.4　结构完整性技术分析

	民用飞机	军用飞机
服役要求	• 预期使用和环境条件(高空、亚声速、有限机动、全球自然环境); • 给定设计使用寿命期(日历年和飞行次数,先到为准)	• 特定服役和环境条件(高空、高声速、高机动性、全天候); • 特定使用寿命期(飞行小时、飞行次数和日历年,先到为准)
技术内容	• 结构性能与功能、可靠性、安全性和保障性满足型号设计要求; • 依据航空规章,证明符合适航要求; • 性能包括:结构强度、刚度、疲劳、耐久性、损伤容限/破损安全/安全寿命、气动弹性、耐撞损性、闪电防护、维修性、异常事件处置等	• 影响飞机安全使用和使用费用的机体结构强度、刚度、损伤容限、耐久性和功能; • 依据强度、刚度等规范(规定结构特性要求和对应的验证要求)验证
实现途径	• 结构完整性通过设计值确定、结构设计、符合性证明、型号合格审定来实现,并通过使用维修保障持续适航	• 结构完整性通过设计研制、设计定型实现,并通过军方维修保持
显著特点	• 不论成本如何,使用安全(包括保障性)是首要的; • 强调整个结构的完整性具有高置信度; • 对主结构、关键结构与影响安全的所有次要结构,需综合考虑载荷环境(飞机载荷、重复载荷、振动、噪声、气动弹性、受热等)与外界自然环境(化学、气候、雷击、外来物等),以及强度、刚度、疲劳、耐久性、损伤容限与功能(如座舱气密、电磁屏蔽等)等	• 性能是首要的,此外需合理考虑安全使用性和使用费用; • 对主要结构与影响安全的所有次要结构,需综合考虑使用的安全可靠与经济性,载荷环境(飞机载荷、重复载荷、振动、噪声、气动弹性、受热等)与外界自然环境(化学、气候、雷击、外来物等),以及耐久性、损伤容限要求与强度等要求

2. 复合材料飞机结构设计准则

复合材料飞机结构(静力、变形、疲劳)设计准则见表 6.5。

表 6.5　结构设计准则

序号	设计准则	要　　求	载　荷
1	静强度 25.305(b)	• 结构必须能够承受极限载荷至少 3 s 而不破坏。[25.305(b)] • 应考虑所有的临界载荷情况和相关的破坏模式。还应包括环境影响(包括制造过程中引起的结构残余应力)、材料和工艺变异性、不可检缺陷或任何质量控制、制造验收准则允许的任何缺陷,以及最终产品维修文件所允许的使用损伤。应论述可能引起材料性能退化的重复加载和环境暴露影响。[AC 20-107B,7]	极限载荷
2	变形 25.305(a)	• 结构必须能够承受限制载荷而无有害的永久变形。在直到限制载荷的任何载荷作用下,变形不得妨碍安全运行。[25.305(a)] • 损伤结构限制载荷评定应阐明,刚度特性的改变未超出可接受的水平。[AC 20-107B,8.a(4)]	限制载荷

续表

序号	设计准则	要　　求	载　荷
3	疲劳/耐久性（安全寿命）25.571(c)	• 结构能够承受在其使用寿命期内预期的变幅重复载荷作用而没有可觉察的裂纹。必须采用合适的安全寿命分散系数。〔25.571(c)〕 • 疲劳符合性证明应通过部件疲劳试验或试验证据支持的分析，并计及适当的环境影响来完成。试验件代表产品结构，应确定疲劳分散性和环境影响，评定含冲击损伤结构的疲劳响应。应验证刚度性能的变化没有超出可接受的水平。进行含允许损伤结构疲劳评定，并预计在飞机结构使用寿命期内保持承受极限载荷的能力。(AC 20-107B,8.b)	服役中预期的典型载荷谱、温度和湿度

6.2.4 复合材料水平尾翼的选型以及材料选择

本章设计算例针对民用客机水平尾翼,结合飞机复合材料结构设计的原则,对复合材料水平尾翼结构进行设计,并采用有限元仿真进行强度校核,水平尾翼具体参数见表 6.6。

表 6.6　水平尾翼设计参数

水平尾翼设计参数	参数值	水平尾翼设计参数	参数值
面积 S_H/m^2	72.9	尾力臂 L_H/m	28.6
展长 b_H/m	19.06	水平尾翼面积与机翼面积比 S_H/S	0.201
平均气动弦长 C_{AH}/m	4.11	最大起飞重量/kg	230 000
1/4 弦线后掠角 $\Lambda_{1/4H}/(°)$	30		

尾翼水平安定面的机构与机翼基本相同,受力特点也相似,其主要受力构件的布置是指确定尾翼翼面壁板中的蒙皮—长桁(或整体壁板中的筋条)、梁、墙、加强翼肋、普通翼肋等设计。本章中的尾翼水平安定面采用双梁单块式布置。

设计选材主要为复合材料,整个受力翼盒均采用现代民用飞机主流材料——碳纤维增强复合材料,前缘结构考虑鸟撞、防水等因素,采用玻璃纤维增强复合材料。在后缘处,因需要传递升降舵载荷,所以采用碳纤维增强复合材料。碳纤维增强复合材料采用 T800/X850 型号,玻璃纤维增强复合材料选用 Scotch/1002 型号。

6.3　水平尾翼整体布局设计

飞机的水平尾翼不但可以保证飞机的稳定性,而且还能保证飞机的机动性能。对于常规布局的水平尾翼来说,通常由安定面和操纵面两个部分构成。

操纵面可看作是支持在悬臂接头上的多支点连续梁,操纵面上受到的气动力和质量力通过悬臂和操纵摇臂传给安定面。

根据防颤振的要求,操纵面的质心应在转轴之前。但由于操纵面转轴后的结构体积一般远大于转轴前的体积,所以通常在前缘处加配重。为了减轻结构质量,应使转轴后的结构尽量轻。

水平尾翼结构与机翼结构相似,主要由翼梁、桁条、前墙、后墙、翼肋、蒙皮等组成。典型水平尾翼结构如图 6.4 所示。

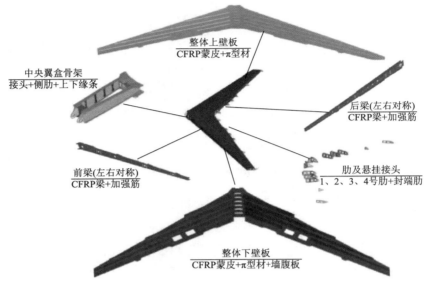

图 6.4　典型水平尾翼结构

尾翼在外载荷下的受力情况为:剪力 Q 使翼梁腹板或墙腹板受剪;在弯矩 M 作用下尾翼承受弯曲变形,而翼梁缘条和翼壁板承受拉伸和压缩变形;在扭矩 M_t 作用下水平尾翼承受总体扭转变形,而蒙皮和翼梁腹板形成闭室受剪。

典型双梁式机翼的气动载荷传力过程如图 6.5 所示。

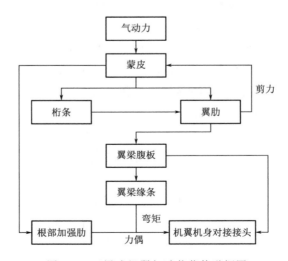

图 6.5　双梁式机翼气动载荷传递框图

6.3.1　翼梁的布置

　　翼梁大多纵贯整个水平安定面的左右翼盒,其长度长,受载大。一般而言,双梁式结构的前梁布置在弦长 12%～17% 处,后梁布置在弦长 55%～60% 处。翼梁根部有固接接头。前梁的横截面面积、剖面高度和惯性矩比后梁大,因此前梁分担大部分的剪力 Q 和弯矩 M,它的腹板厚度、缘条面积和固接接头的尺寸也比后梁大。

　　本章水平尾翼安定面设计中,前梁布置于 14.5% 根弦处,后梁布置于 55% 根弦处,采用等百分比布置。

　　在前缘结构中,在 7.25% 根弦处,布置一个前缘墙,在平行升降舵分离面轴线 150 mm 处布置一个后缘墙,对后缘铰链进行支撑并将接头处的载荷分散到各翼肋中。具体布置如图 6.6 所示。

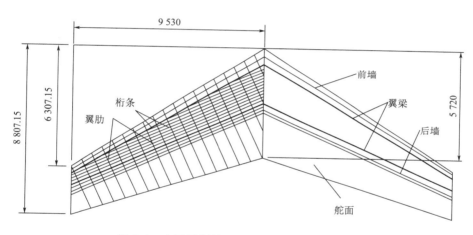

图 6.6　水平尾翼结构整体布置图(单位:mm)

6.3.2　桁条的布置

　　桁条是支持在翼肋上的多支点梁,承受来自蒙皮的分布载荷,并以较小的集中力,将它传递到翼肋上。

　　桁条采用等距离式布置,这样有利于蒙皮和桁条复合材料的铺层与整体成型,桁条轴线平行于后梁轴线,桁条与蒙皮共固化成型。上下翼面桁条数量一样,桁条间距 180 mm,共布置了 11 根桁条,具体布置如图 6.6 所示。

6.3.3　翼肋的布置

　　翼肋采用正交布置的形式,除侧边肋与梢部肋,其余翼肋均布置于后梁轴线上,共布置了 21 根翼肋,其中与升降舵有铰接相连的翼肋处,设计为加强肋,同时对侧边肋和端部肋板也进行加强,翼肋间距为 594.33 mm,具体布置如图 6.6 所示。

6.4　复合材料水平尾翼设计

6.4.1　复合材料水平尾翼加筋蒙皮设计

蒙皮初始承载时,气动载荷以压力和吸力的形式作用在蒙皮上。蒙皮的局部气动载荷以剪力流的方式通过连接件近似按对角划分原则传给桁条和翼肋。在受压情况下,桁条会因失稳而破坏,如腹板鼓起使桁条局部失稳或轴线弯曲造成桁条总体失稳。为使水平尾翼结构从翼梢到翼根为等强度,可以采用逐渐减小桁条的横截面面积(或桁条数目)或变换桁条规格来实现。

桁条与蒙皮构成的整体壁板截面图如图 6.7 所示,桁条与壁板连接处需进行增厚设计。

6.4.2　复合材料水平尾翼梁的设计

翼梁由腹板和缘条组成,并与机身固接。承受弯矩 M 时,缘条受拉伸或压缩;承受剪力 Q 时,腹板受剪。加筋条可提高腹板的剪切稳定性;翼梁腹板和尾翼蒙皮形成的闭室可承受扭矩。当翼梁上下缘条不平行时,横向力的一部分与轴向力的垂直分量相平衡。

翼梁设计采用立柱加筋腹板梁,梁剖面为 I 字形梁,翼梁受力形式为:凸缘承受由弯矩引起的轴向力,腹板承受剪力。翼梁剖面的形状如图 6.8 所示。

加筋条的剖面形状如图 6.9 所示,为 L 形截面。

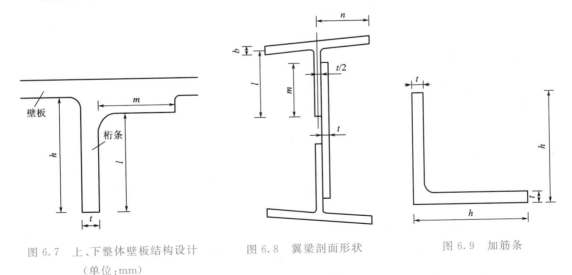

图 6.7　上、下整体壁板结构设计　　图 6.8　翼梁剖面形状　　图 6.9　加筋条
（单位:mm）

6.4.3　复合材料水平尾翼肋的设计

翼肋按其功用和构造形式可分为普通翼肋和加强翼肋。

1. 普通翼肋

普通翼肋用于维持尾翼剖面形状,并将初始动载荷(从蒙皮和桁条)传到翼梁和蒙皮上。

翼肋支撑蒙皮和桁条,并提高它们的抗失稳能力;而翼肋又受翼梁和蒙皮的支撑。在气动载荷作用下,蒙皮在自身平面内承受弯曲和剪切。从翼肋的受力特性上看,它也属于梁,它的缘条和与之相连的蒙皮一起承受弯曲引起的轴向力,而腹板受剪切。腹板由板材冲压成型,而缘条可以是腹板的弯边。翼肋的各段(前后段和翼梁之间部分)通过翼梁腹板和蒙皮互相对接起来。普通翼肋剖面如图 6.10 所示。

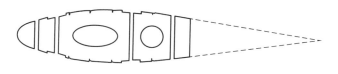

图 6.10　普通翼肋剖面图

2. 加强翼肋

在安定面与舵面连接处的接口附近布置加强翼肋。

加强翼肋一是用来承受尾翼舵面的集中力和力矩,并将它们传递到安定面的翼梁和蒙皮上;二是用于在纵向构件轴线转折处重新分配壁板和腹板上的载荷;三是用于在安定面对接处和在大开口两侧将弯矩转变为一对力偶。加强翼肋同时还起普通翼肋的作用。

加强翼肋的横剖面面积较大,缘条一般采用挤压型材,腹板上不开孔,并用角材支柱加强。加强翼肋缘条不切断,而桁条通过翼肋对接。加强翼肋剖面如图 6.11 所示。

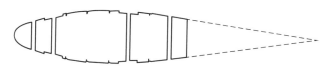

图 6.11　加强翼肋剖面图

翼肋加筋条的剖面形状如图 6.9 所示。

6.5　复合材料水平尾翼铺层优化和强度分析

6.5.1　有限元模型的简化

为简化计算,将翼梁、墙腹板、翼肋腹板以及蒙皮均采用 shell 单元进行模拟,翼梁凸缘和墙凸缘因只承受轴力,可简化为杆单元。

杆单元在建模时需要的材料参数只有弹性模量,而复合材料铺层的桁条和梁凸缘均有自己的铺层和相应的刚度,故建模时应先进行等效计算。

前缘部分并不参与水平尾翼的整体传力,故在建立有限元模型时不考虑前缘部分结构,后缘的铰链接头处,并不为本章重点,因而采用翼肋代替铰链进行传力分析。

桁条与蒙皮固化,为简化计算,进行等效处理略去桁条。

水平尾翼内部结构如图 6.12 所示。结构有限元网格如图 6.13 所示。

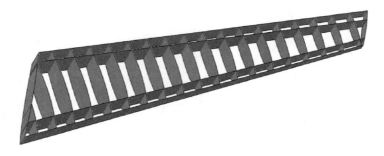

图 6.12　水平尾翼内部结构图

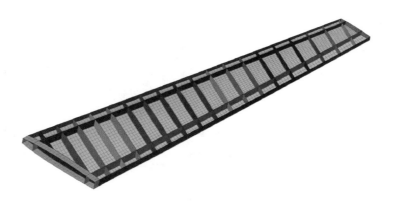

图 6.13　水平尾翼结构有限元网格

6.5.2　铺层角度占比优化

复合材料结构的设计变量比较多,而层厚和角度是两个有别于各向同性材料的设计变量。复合材料一经确定后,材料的厚度基本上也是不变的,而为了生产上的便利,铺设角度一般设为 $0°$、$±45°$、$90°$ 四种。对这四种铺设角度的占比可进行优化,优化的流程如图 6.14 所示。

优化的收敛准则有两种:规则收敛与软收敛,满足其中一种即可。规则收敛指的是相邻两次迭代目标函数的变化小于目标容差,并且约束条件违反率小于 1%。软收敛指的是相邻两次迭代的设计变量变化很小或者没有变化。

复合材料水平尾翼铺层占比的优化属于尺寸优化范畴,所定义的变量是不同铺层方向的厚度,但各方向的厚度和铺层角度受条件约束限制。

本算例是基于 Hyperwork 中的 OptiStruct 求解器进行优化分析,求解约束优化问题的方法是可行方向法,在可行域内直接搜索最优解,可看作优化下降算法的自然推广。可行方向法的基本思路是:从可行点 x^0 出发,假设已得到可行点 x^k,在 x^k 处确定可行的下降方向

d^k，沿着 d^k 寻找新的迭代点 x^{k+1}，且有 $x^{k+1}=x^k+\lambda_k d^k$，使得 x^{k+1} 是可行点且满足 $f(x^{k+1})<f(x^k)$；然后，令 $k=k+1$，进行迭代，直至满足条件。可行方向法的核心是选择可行下降搜索方向和确定搜索步长，搜索方向 d^k 的选择方式不同，即形成不同的可行方法分类。

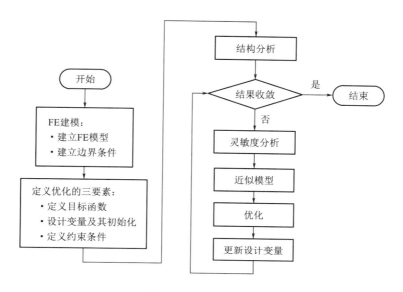

图 6.14　优化流程图

复合材料水平尾翼选用 T800/X850，材料性能参数见表 6.7。

表 6.7　**T800/X850 的性能参数**

名　称	输入值/MPa	名　称	输入值	名　称	输入值/MPa
X 方向弹性模量 E_x	195 000	XY 方向泊松比 ν_{xy}	0.33	X 方向拉伸强度 X_t	3 071
Y 方向弹性模量 E_y	8 580	YZ 方向泊松比 ν_{yz}	0.48	X 方向压缩强度 X_c	1 747
Z 方向弹性模量 E_z	8 580	XZ 方向泊松比 ν_{xz}	0.33	Y 方向拉伸强度 Y_t	88
XY 方向剪切模量 G_{xy}	4 570			Y 方向压缩强度 Y_c	271
YZ 方向剪切模量 G_{yz}	2 900			XY 平面最大应力 S_{xy}	143
XZ 方向剪切模量 G_{xz}	4 570				

优化的数学模型包括优化目标、优化变量及其变化范围和约束条件。

1. 优化目标

水平尾翼铺层角度优化的目的是在相同载荷条件下翼尖的位移最小，即优化目标为：位移最小化。

2. 优化变量及其变化范围

优化变量为水平尾翼上各部分复合材料铺层角度的占比，包括蒙皮、梁、前墙与后墙、肋这四部分构件。每个构件设四个优化变量，即 0°、±45°、90°的占比，共有 16 个变量。由于 +45°与 -45°占比相同，因此独立的变量是 12 个。优化变量信息表见表 6.8。

表 6.8　优化变量信息表

优化变量	初始值	变化范围	优化变量	初始值	变化范围
Skin_0	0.764	0.382~1.528	Wall_0	0.764	0.382~1.146
Skin_45	0.573	0.382~1.528	Wall_45	0.573	0.382~1.528
Skin_N45	0.573	0.382~1.528	Wall_N45	0.573	0.382~1.528
Skin_90	0.573	0.382~1.528	Wall_90	0.573	0.382~1.528
Rib_0	0.764	0.382~1.528	Beam_0	1.337	0.382~3.056
Rib_45	0.573	0.382~1.528	Beam_45	1.146	0.764~3.056
Rib_N45	0.573	0.382~1.528	Beam_N45	1.146	0.764~3.056
Rib_90	0.573	0.382~1.528	Beam_90	1.337	0.764~3.056

3. 约束条件

在保证复合材料结构件的安全前提下,复合材料的综合失效指标小于 1.0,结构总质量不大于初始结构的质量。

优化前后的位移对比如图 6.15 所示,位移减少了 6.18 mm。

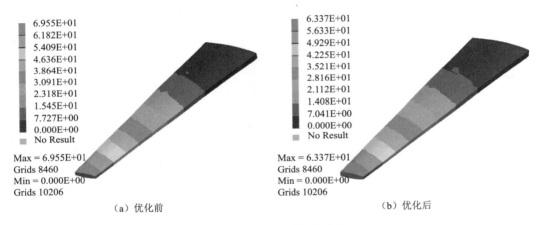

（a）优化前　　　　　　　　　　　　　　　　（b）优化后

图 6.15　优化前后位移对比

6.5.3　强度分析结果

按照优化结果,分别设计不同构件的铺层形式,具体铺设角度见表 6.9。

表 6.9　水平尾翼各部件铺层角度

部　件	铺层角度
蒙皮	$[90/45/0/-45/0_2/45/90/-45/0/]$
前后墙	$[45/90/-45/0_2/-45/90/45/0_2/45/90/-45]$
肋	$[45/0/-45/90]_s$
梁	$[45/0_2/45/90/-45/0_2/\pm45/0_2/-45/90]_s$

若水平尾翼单位面积载荷为 1.723 kPa,结构分析的边界条件为翼根部固支,位移及应力分析结果见图 6.16。

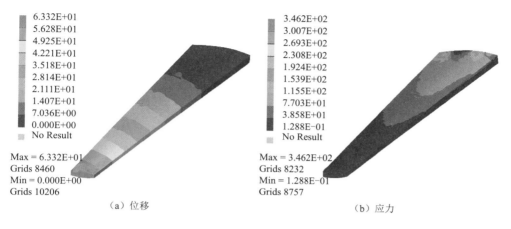

（a）位移　　　　　　　　　　　　　　　　　（b）应力

图 6.16　水平尾翼应力云图

结果显示,在该水平载荷条件下,水平尾翼根部受载最大,其应力为 410.5 MPa,梢部位移最大,为 74.54 mm。

6.6　复合材料水平尾翼的工艺设计

对航空工业而言,只有掌握了先进的制造技术才能制造出高性能的航空产品。先进的航空制造技术应在减重的前提下保证结构具有高强度、高刚度的特性,尤其要有高的损伤容限。据统计,飞机和发动机减重中制造技术和材料的贡献率约为 $70\%\sim80\%$。复合材料构件成本远远高于铝合金构件的事实依然是复合材料在航空航天等高科技领域广泛应用的最大阻碍,而制造成本在复合材料构件总成本中所占份额最大。因此如何突破复合材料的高性能低成本制造技术是目前亟待解决的关键性问题之一,对航空航天及其他交通工具和基础工程建设都具有十分重要的现实意义。

另外从减重角度来说,应尽可能地少用紧固件,而采用整体成型方案,以减少机械加工和装配工作量,降低制造成本。

目前常用的复合材料结构工艺包括热压罐成型工艺、RTM 成型工艺、热隔膜工艺、纤维自动铺放工艺等。

6.6.1　RTM 成型工艺

树脂传递模塑(RTM)成型工艺属于液体成型技术,先采用缝合、编织等技术制造预成型件,再将预成型件放入闭合模具中,通过注入树脂固化成型。RTM 工艺的特点是低压操作,铺层设计灵活性大,生产周期短,后加工少,表面质量好,制品孔隙率等与热压罐相似。传统的 RTM 工艺过程非常简单,一般工序包括模具的制备、预成型体铺放入模具、合模、树脂注入、预成型体浸润、固化和脱模。RTM工艺的质量与预成型体制备技术紧密相关,选择适宜的预成型体制备技术对于获得满足要求的复合材料构件和降低成本都非常重要。

RTM成型工艺需要预先制备闭合模具,非常适合批量生产的产品,对于复合材料水平尾翼,可以采用RTM成型工艺制备肋、梁和加筋条。

6.6.2 热压罐成型技术

热压罐成型工艺是将复合材料逐层铺贴在预先加工好的模具上,铺贴完毕后包覆真空袋放入热压罐,再经过加热加压过程将基体树脂固化成型。有多个组件时采用共固化、二次固化或二次胶接等工艺整体成型。在热压罐成型工艺中用于成型的材料称为预浸料,目前预浸料制备技术的研究主要集中在如何使用成本更低的材料和提高预浸料制备的自动化程度。传统的溶液法预浸工艺目前已被热溶法预浸工艺及夹层预浸工艺所代替,不仅提高了所制备复合材料的耐湿热性能,而且使得预浸料的生产效率有所提高,生产成本降低,并使应用低成本的大丝束纤维成为可能。大丝束纤维的应用可以明显降低材料成本,是复合材料低成本技术的一个重要内容。

随着工业的进步,热压罐的尺寸可以做得很大,为复合材料一体化成型提供了条件。对于复合材料水平尾翼上的加筋蒙皮壁板、肋、梁、加筋条都可以选择这种工艺。

热压罐成型与RTM成型工艺的技术特点比较见表6.10。

表 6.10 RTM 和热压罐成型工艺特点比较

		RTM 成型	热压罐成型
工艺性能	适合产量	100~5 000 件	≤1 000 件
	设备投入	中等	很高
	劳动力成本	较高	很高
	操作要求	高	高
产品性能	复杂程度	复杂	复杂
	尺寸	大型构件	大型构件
	表面质量	很好	单面很好
	尺寸精度	很好	较低
	重复性	很好	一般
模 具	模具材料	金属、复合材料等	金属、复合材料等
	初始投资	中等	中等
	模具寿命	视模具材料而定	视模具材料而定

6.6.3 纤维自动铺放技术

采用纤维自动铺放技术可显著降低具有复杂形状的复合材料构件制造成本。该技术主要包括自动铺丝和自动铺带技术。最早的自动铺放技术研究来自复合材料机身的制造。采用缠绕技术制造机身时,缠绕张力使凹面产生缝隙,并使纤维滑移而偏离原来位置,且传统的缠绕工艺无法有效改变厚度。纤维铺放技术解决了上述问题,在大型复杂形面上铺放和压实连续预浸纤维,使得纤维在芯模上的铺放完全在无张力状态下进行。铺放预浸带时可按要求调整其宽度,还能通过加热或冷却调节其黏度。自动铺放的精度可达 0.005 mm。目前该技术已得到广泛应用,复合材料制造成本显著降低。美国波音公司采用 7 轴 24 丝束自动铺放系统生产出 B-747 及 B-767 型飞机上使用的直径 3 m 的发动机进气道整流罩。Northrop Grumman 公司用该技术制造出 C-17 的复合材料发动机短舱门及 F/A-18E/F 的进气道、机身蒙皮等。

在设备条件允许的情况下,可考虑自动铺放技术与热压罐技术结合使用,以减少人工操作的复杂程度,保证产品的工艺稳定性和质量一致性,这是降低成本的有效途径。

6.6.4　热隔膜工艺

热隔膜工艺是先将预浸料铺贴成的平板结构封装在延展性和强度较高的隔膜中,放置于热隔膜成型机上,在隔膜内部、隔膜与模具之间抽真空,利用负压和红外辐射加热,将平板结构整体贴合模具成型,从而压实成具有曲面结构的预制件,随后放入热压罐中固化。工艺示意图如图 6.17 所示。对于复合材料水平尾翼,可以选择采用此种方法制备加筋条、桁条。

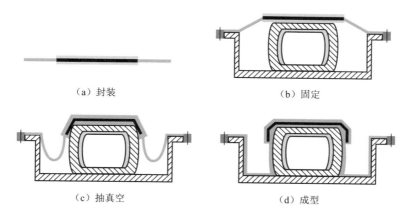

(a) 封装　　　　　　　　　　　(b) 固定

(c) 抽真空　　　　　　　　　　(d) 成型

图 6.17　热隔膜工艺示意图

参考文献

[1]　陈祥宝.先进复合材料低成本制造技术[M].北京:化学工业出版社,2004.
[2]　田宗若.复合材料中的数学力学方法[M].北京:国防工业出版社,2004.
[3]　杨乃宾.复合材料飞机结构设计[M].北京:航空工业出版社,2002.
[4]　杨乃宾.大飞机复合材料结构设计导论[M].北京:航空工业出版社,2009.
[5]　杨乃宾,梁伟.飞机复合材料结构适航符合性证明概论[M].北京:航空工业出版社,2015.
[6]　《飞机设计手册》总编委会.飞机设计手册:第 10 册结构设计[M].北京:航空工业出版社,2001.

[7] 牛春匀.实用飞机结构工程设计[M].北京:航空工业出版社,2008.

[8] 中国航空研究院.复合材料结构设计手册[M].北京:航空工业出版社,2001.

[9] 中国科学院.2003高技术发展报告:航空材料技术进展[R].北京:科学出版社,2003.

[10] 岳珠峰.飞机复合材料结构分析与优化设计[M].北京:科学出版社,2011.

[11] 邱志平,王晓军.飞机结构强度分析和设计基础[M].北京:北京航空航天大学出版社,2012.

[12] 杨伟,常楠,王伟.飞机复合材料翼面结构优化设计理论与应用[M].北京:国防工业出版社,2014.

[13] 卡萨波格罗.飞机复合材料结构设计与分析[M].上海:上海交通大学出版社,2011.

[14] 陈绍杰.复合材料技术与大型飞机[J].航空学报,2008,29(3):605-610.

[15] 杜善义.先进复合材料与航空航天[J].复合材料学报,2007,24(1):12.

[16] 沈军,谢怀勤.航空用复合材料的研究与应用进展[J].玻璃钢/复合材料,2006(5):48-54.

[17] 沈军,谢怀勤.先进复合材料在航空航天领域的研发与应用[J].材料科学与工艺,2008,16(5):737-740.

[18] 贺福,孙微.碳纤维复合材料在大飞机上的应用[J].高科技纤维与应用,2007,32(6):5-8,17.

[19] 赵美英,陶梅贞.复合材料结构力学与结构设计[M].西安:西北工业大学出版社,2007.

[20] 卜泳,肖庆东,黄春,等.飞机水平安定面整体复合材料结构装配关键技术研究[J].航空制造技术,2015,491(21):93-95.

[21] 周龙伟,赵丽滨.基于失效机制的单向纤维增强树脂复合材料退化模型[J].复合材料学报,2019,36(6):1389-1397.

[22] 刘杰,徐绯,刘斌,等.A320飞机复合材料尾翼活动面后缘设计改进的分析[J].机械科学与技术,2015,34(7):1140-1143.

[23] 伍春波,谢薇,魏伟.CJ828复合材料水平尾翼结构初步设计与分析[J].民用飞机设计与研究,2013(z1):34-39.

[24] 王伟,何景武,伍春波.CJ828水平尾翼中央翼结构设计与分析[J].民用飞机设计与研究,2013(z1):64-66.

[25] 王静,马爱敏,周冰冰.基于OptiStruct的集成框架强度分析及尺寸优化[J].重型汽车,2020(3):14-15.

[26] 薛向晨,王犇,胡江波等.大型机身复合材料加筋壁板制造技术及应用[J].航空制造技术,2019,62(16):88-93.

[27] 段友社,周晓芹,侯军生.大飞机复合材料机翼研制技术现状[J].航空制造技术,2012(18):34-37.

[28] 顾轶卓,李敏,李艳霞,等.飞行器结构用复合材料制造技术与工艺理论进展[J].航空学报,2015,36(8):2773-2797.

[29] 姚双,李敏,顾铁卓.碳纤维复合材料C形结构热隔膜成型工艺[J].北京航空航天大学学报,2013,39(1):95-99,104.

第7章 航天复合材料燃料贮箱设计

7.1 概　　述

低温贮箱是航天运载器最大的结构部件,主要有三大作用,一是作为压力容器来储存液氢、液氧推进剂,二是作为运载器的主承力结构来支撑热防护系统,三是提供基础和空间来安装其他的仪器设备。低温复合材料燃料贮箱是低温推进系统中所占质量和体积最大的部件,是降低飞行器整体结构质量的首要选择。聚合物复合材料低温贮箱的研发对下一代空间探测器和运载火箭而言是创造性的一步。用复合材料替代铝合金材料,贮箱质量可以降低 $20\%\sim40\%$,未来的运载火箭能够将总起飞质量降至更低。当把结构的质量降低后,运载器能够携带的有效载荷才会提升。

近年来,可重复使用航天运载器的液氧、液态甲烷、液氢贮箱越来越多地受到国内外的重视,国内外对于低温复合材料贮箱的研究已经比较深入并且取得了一定的研究成果。美国航空航天局(NASA)联合波音公司制备了 2.4 m 和 5.5 m 直径的复合材料贮箱,如图 7.1 所示,并进行了低温、耐压等测试,为复合材料贮箱的应用进行了必要的技术准备。

图 7.1　波音公司制备的 5.5 m 直径的复合材料贮箱

复合材料燃料贮箱的设计与制备是复合材料应用领域非常重要的一部分。目前,针对复合材料贮箱的研究一方面致力于高精度专项分析软件的开发,另一方面则根据实验建立低温材料数据库,同时针对实验中出现的低温疲劳、腐蚀、开裂、冲击损伤等现象从工艺和选材等方面进行研究。

7.1.1 复合材料贮箱发展历程

第一个对复合材料贮箱有强烈需求的是美国国家航天飞机(NASP)X-30项目。这个计划始于1982年,NASP是美国国防部高级研究计划局(DARPA)资助的一项单级入轨航天器的可行性研究。该超音速推进概念飞行器设计速度最高可达到25马赫数,这需要贮箱结构在可以容纳加压低温液体的同时承受气动热效应。1987年麦克唐纳·道格拉斯公司(MDC)制备了第一个复合材料贮箱,完成了大型复合材料贮箱低温LH_2的充/排试验,通过了低泄漏运行测试,展示了复合材料贮箱先进的设计、工装及制造水平,并且实现减重的目标。

1991年,MDC联合美国国防部战略防御组织(SDIO),承担了DC-X计划,旨在让飞行器可以快速/低成本地反复飞行。最初的垂直起飞、着陆的三角洲飞行器设计使用铝LH_2燃料贮箱,但后来根据要求变成了复合材料贮箱。1994年,美国航空航天局接管了该项目,改名为DC-XA。DC-XA贮箱是采用碳/环氧复合材料制造并通过接头在腹部粘合拼接而成的两段式贮箱。

20世纪90年代,美国政府资助了一个可重复使用运载火箭(RLV)X-33的空间发射倡议(SLI)。洛马公司选用碳/环氧预浸料制备直径为3 m的多孔蜂窝夹芯结构贮箱。1999年X-33贮箱进行LH_2压力循环测试,期间外部蒙皮和蜂窝出现分层。经过全面的故障原因分析,确定复合材料层合板的微裂纹使部分LH_2渗透到蜂窝和外部空气,并进入低温夹层结构中,由于蜂窝没有排气通道,当热结构失效时,气体膨胀导致黏结力比设计值小,造成外部蒙皮和蜂窝出现分层(见图7.2)。

图7.2 X-33贮箱及破坏

NASA"改变游戏规则的研发计划(GCDP)"支持的复合材料低温贮箱技术及验证(CCTD)项目的目标是通过进行大规模的实验室实验和地面测试来准备系统级飞行演示。项目范围包括材料选择、材料许用值测试、贮箱制造、缩比和全尺寸元件测试。项目总体目标是减轻25%~30%的质量和节约20%~25%的成本。前期渗透遏制的解决方案是采用铝箔、薄带和夹芯结构；而后则对材料渗透性能进行测试。波音公司的设计表明,薄带可有效地抵抗微裂纹扩展和最大限度地减少 LH_2 渗透。

CCTD 项目基于长续航登月任务制定了泄漏目标,泄漏率、微应变水平也都通过了试验测试,同时对易于出现应力集中的 Y 形连接区域也进行了试件级的测试和分析。可拼装拆卸的复合材料芯模为贮箱的缠绕铺带提供了操作的可行性。

波音公司参与了 CCTD 项目,制备了直径为 2.4 m 的燃料贮箱(见图 7.3)和 5.5 m 的燃料贮箱,2.4 m 贮箱在马歇尔太空飞行中心进行了液氢灌充测试,测试内容包括 -253 ℃、0.1 MPa 压力下进行 20 次液氢灌充循环,试验最终取得了成功。5.5 m 贮箱完成了 20 次循环周期的液氢压力循环试验、机械载荷试验,实现了预期的目标。

图 7.3　直径 2.4 m 贮箱和复合材料芯模

2016 年,美国 SpaceX 航天公司报道称制造了当时最大的复合材料贮箱(见图 7.4),直径为 12 m,该项目被认为是火星计划中最具有难度的关键环节。

图 7.4　SpaceX 公司的 12 m 直径贮箱

由欧盟资助的一项名为 CHATT(低温高超音速先进贮箱技术)的研究在 2012 年初启动。CHATT 项目是欧盟委员会第七个框架计划的一部分,其中一个核心目标是研究碳纤维复合材料(CFRP)低温压力容器。计划设计、制造和测试四个不同的 CFRP 贮箱。

我国的运载火箭技术取得了举世瞩目的进展,但在运载能力上和先进国家相比仍有较大的差距。哈尔滨工业大学、大连理工大学、国防科技大学等单位针对液氧贮箱的相容性问题进行了树脂改性研究,使复合材料可直接与液氧接触,不会发生爆燃。2019 年 7 月,由科技部资助的国家重大研发计划"大型复合材料航天运载器贮箱一体化制造基础"项目开始启动,标志着我国开始进入全复合材料贮箱的研制阶段。

综合看来,国外相关研究机构已经对低温复合材料贮箱进行了研究,验证了其关键技术,研制了相应的制造设备,建造了配套的固化设备,并制备了测试样品,进行了一系列的试验。国内的相关研究工作相对落后,有待进一步开展相应的研究,在树脂研发的基础上开展贮箱材料研究、结构设计工作,完善制备技术,加快复合材料贮箱的应用步伐。

7.1.2 未来贮箱的发展

未来贮箱的发展方向必然是由航天器的发展来决定的,而未来的航天器一定是朝着低成本、高运载力的方向发展,比如单级入轨(SSTO)、低成本航天器(ELV)、可重复使用飞行器(RLV)等。美国航空航天局(NASA)的相关研究表明,只有当航天器的净重与发射总重量的比值低于 0.092(净重比)时,航天器才可以被重复使用。环地球轨道航天器,比如载人航天、大推力运载火箭、空间站、探测深空航天器等,都要求航天器具有高比冲、低启动重复次数、长期贮运等能力。这些都体现在对推进系统的要求上,只有低温推进系统才能很好的满足这些要求,因此未来的一个研究重点就是航天飞行器的低温推进系统。

未来贮箱的目标一定是容积大,以便能够装填更多的燃料,提供更加强大的动力和续航力。美国于 2008 年发布了《2030 年前太空发展规划》,列出了首要突破的 8 大关键技术,其中就包括复合材料和低温介质存储技术。此外,日本的 HOPE-X 计划和 SSTO 计划,欧洲太空局(ASE)的 FESTIP 计划都对复合材料低温贮箱的研究做出了规划。因此,研制大型低温全复合材料贮箱势在必行。

与推进剂介质直接相接触的复合材料存在两个问题,尤其是液氧,要解决液体燃料渗透以及液氧与复合材料的相容性问题。液体燃料渗透需要从理论方面进行预测,并配合试验进行验证。液氧与复合材料的相容性,则要通过树脂基体的改性,引入含磷、硅基团等方法实现。

全复合材料贮箱是一种新的结构,设计方法、制造工艺都需要改进和完善,综合考虑影响设计和生产的各种因素。复合材料低温贮箱设计需要考虑材料的相容性、结构损伤失效模式、重复使用寿命等问题。对于工艺实现的可行性,应充分考虑新工艺带来的问题,通过数值模拟、积木式试验一步步验证。

开发低温复合材料贮箱面临很多的技术难题,只有将这些难题逐个攻克,未来才能在此领域取得突破性的进展,推进航天事业的发展。低温复合材料贮箱涉及的关键性技术,包括低温条件下复合材料性能、复合材料的渗透率、液氧相容性以及先进的成型工艺,这些问题的解决涉及聚合物材料制备、复合材料结构设计、力学分析、先进检测技术以及先进成型工艺等多个领域,需各行各业通力合作,突破相关技术瓶颈。

7.2 复合材料燃料贮箱结构设计

贮箱存储的燃料多是液氧、液氢、液态甲烷等航天燃料,在运载器工作时,液氧燃料贮箱的工作环境为−183 ℃,液氢的温度低于−253 ℃,运载器返回时,整个复合材料贮箱要承受170℃的高温,因此在设计时必须考虑在较高温度差环境下复合材料结构的可靠性。用于低温推进系统的复合材料结构需要承载很高的热应力和热应变,同时也要承载作用于贮箱的压力以及外载荷引起的机械应力和机械应变,在循环载荷作用下材料需要承受机械应力与热应力的共同作用。

复合材料贮箱的可设计性好,不仅可以根据各种存放介质的性质和使用环境选用相应的树脂和纤维构成箱体结构,还可以按照应力的大小和方向确定纤维的用量和铺设方向,获得满足要求的方案。

7.2.1 复合材料贮箱壳体设计

本章设计算例基于制备全复合材料贮箱的目标,设计贮箱形状为圆筒加半圆形,由圆柱形筒体与双曲率圆形封头组成。贮箱没有内衬,全部由纤维增强树脂复合材料缠绕而成。贮箱筒身段的直径为 2 m,封头采用两段圆弧拼接,第一段圆弧半径为 0.45 m,第二段圆弧半径为 1.60 m,筒身段保持直线段的长度为 0.67 m,法兰盘直径为 0.3 m,贮箱的容积为 4.65 m³。复合材料的基本参数见表 7.1。

表 7.1 复合材料力学性能参数

性　能	平均值	性　能	平均值
纵向拉伸强度/MPa	1 332.04	横向拉伸模量/GPa	7.02
纵向拉伸模量/GPa	192.09	次方向泊松比	0.04
主方向泊松比	0.32	纵横剪切强度/MPa	13.09
横向拉伸强度/MPa	9.59	纵横剪切模量/GPa	6.87

7.2.2 壳体缠绕角度的确定

复合材料的铺层方式决定了材料的性能,对于缠绕成型工艺制造的产品,铺层角一般采用±α缠绕角。纤维缠绕方式采用平面缠绕时,缠绕丝嘴会绕芯模做圆周运动,封头上纤维轨迹近似为一平面曲线,如图7.5所示。

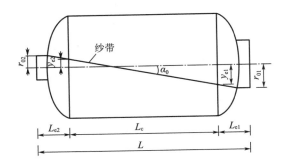

图 7.5　平面缠绕结构示意图

由图7.5可以计算出筒身段的缠绕角为

$$\alpha_0 = \frac{y_{e1} + y_{e2}}{L} = \frac{r_{01} + r_{02}}{L_{e1} + L_c + L_{e2}} \tag{7.1}$$

式中,r_{01}和r_{02}分别是左右极孔的半径;L为整个贮箱的长度;L_{e1},L_c,L_{e2}分别为右封头、筒身、左封头的长度;y_{e1}和y_{e2}分别为缠绕丝在右封头、左封头与筒身相交点到中心轴的垂直距离。

根据几何参数可以计算出筒身段的缠绕角为9°,所以对筒身段的复合材料层合板的铺层方向设为±9°。

平面缠绕封头是根据工艺的规定而设计的,图7.6为正则化参数表示的四分之一平面缠绕封头,图中的ρ_e是y_e(图7.5中的y_{e1}、y_{e2})的正则化值:

$$\rho_e = \frac{y_e}{R} \tag{7.2}$$

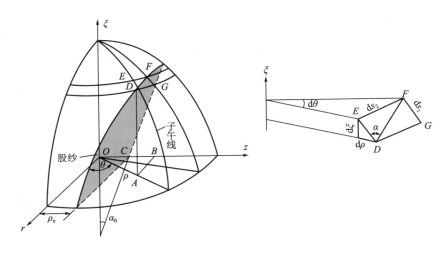

图 7.6　平面缠绕封头

其他参数的正则化表示为：

$$\rho = \frac{r}{R}, \quad \xi = \frac{z}{R}, \quad \bar{t} = \frac{t_{\mathrm{f}}}{t_{\mathrm{fa}}\cos\alpha_0} \tag{7.3}$$

式中　t_{f}——封头段缠绕厚度；

t_{fa}——筒身段缠绕厚度。

由图 7.6 可知，$\overline{OA} = \rho$，$\overline{AB} = \xi$，$\overline{OC} = \rho_{\mathrm{e}}$，$\overline{OB} = \rho\sin\theta$，$\overline{CB} = \xi\tan\alpha_0$。根据几何关系，$\overline{OB} = \overline{OC} + \overline{CB}$，有：

$$\rho\sin\theta = \rho_{\mathrm{e}} + \xi\tan\alpha_0 \tag{7.4}$$

通过对壳体微元面计算，由平面缠绕工艺决定的封头缠绕角方程为

$$\tan^2\alpha = \frac{[\rho\tan\alpha_0 - \dot{\rho}(\rho_{\mathrm{e}} + \xi\tan\alpha_0)]^2}{(1+\dot{\rho}^2)[\rho^2 - (\rho_{\mathrm{e}} + \xi\tan\alpha_0)]^2} \tag{7.5}$$

纤维应力微分方程为

$$\bar{\sigma} = \rho^2 \left\{ (1+\dot{\rho}^2) + \frac{[\rho\tan\alpha_0 - \dot{\rho}(\rho_{\mathrm{e}} + \xi\tan\alpha_0)]^2}{\rho^2 - (\rho_{\mathrm{e}} + \xi\tan\alpha_0)^2} \right\}^{\frac{1}{2}} \tag{7.6}$$

由上式可知，封头的纤维应力是一个变量，即平面缠绕封头不是等张力的。

纤维的厚度微分方程为：

$$\bar{t} = \frac{1}{\rho} \left\{ 1 + \frac{[\rho\tan\alpha_0 - \dot{\rho}(\rho_{\mathrm{e}} + \xi\tan\alpha_0)]^2}{(1+\dot{\rho}^2)[\rho^2 - (\rho_{\mathrm{e}} + \xi\tan\alpha_0)]^2} \right\}^{\frac{1}{2}} \tag{7.7}$$

7.2.3　复合材料端框设计

贮箱的端框结构承受轴向压缩载荷，要求具有良好的抗弯刚度，夹芯端框结构可以承受较高的轴向发射载荷，且空心的构型也降低了结构的质量。NASA 联合波音公司制备的 5.5 m 直径验证贮箱采用了梯形波纹夹芯结构，如图 7.7 所示。

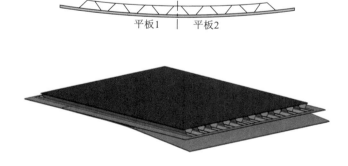
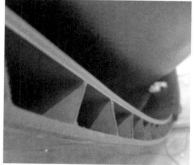

图 7.7　NASA 贮箱的波纹结构

国内也有研究人员在制作波纹夹芯筒体结构，包括两个蒙皮和一个波纹状的夹芯，如图 7.8 所示。当结构处于压缩状态时，波纹夹芯能提高蒙皮的承载能力。

图 7.8 碳纤维增强复合材料波纹夹芯筒体

参考梯形夹芯结构,本设计算例如图 7.9 所示,由蒙皮和中间芯子组成梯形波纹夹芯结构。其几何尺寸包括:圆柱壳内直径 $D=2$ m,高度 $H=2$ m,内外径夹层厚度 10 mm,夹芯倾角 52°,壁板厚度为 1 mm。通过改变夹芯的结构参数,比如夹芯高度/宽度、夹芯角度等可以获得满足要求的结构形式。

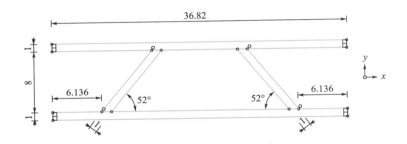

图 7.9 梯形波纹夹芯几何尺寸示意图(单位:mm)

复合材料贮箱结构设计如图 7.10 所示。夹芯结构不仅能承担轴向载荷,空心部分抽真空后,还能对贮箱内的燃料起保温作用,可实现结构/功能的一体化设计。

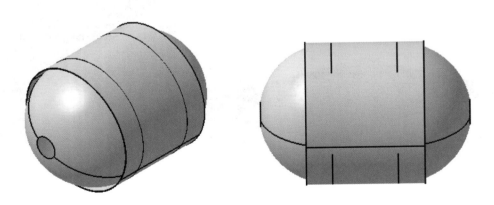

图 7.10 带端框的贮箱结构设计图

7.3 复合材料燃料贮箱结构分析

7.3.1 贮箱壳体结构有限元分析

为使复合材料贮箱有限元模型表现出贮箱的真实状态,在建立模型时其封头处的纤维厚度和方向是不断变化的。根据式(7.5)和式(7.7)两个方程,采用 ANSYS 的 APDL 语言编制程序,可以计算出封头上每个单元的纤维方向和各节点的厚度,生成实常数。然后对每个单元赋予不同的实常数,以实现封头复合材料层厚度和纤维缠绕角度的变化。

模型的边界条件为一端固支,一端自由,并且两条回转边作为周期对称边界。在所建立的有限元模型上加载 0.2 MPa 的内压,不考虑材料损伤造成的非线性,容器为轴旋转体,提取单元的平均值作为结果。复合材料贮箱模型的轴向应力、环向应力如图 7.11 和图 7.12 所示。

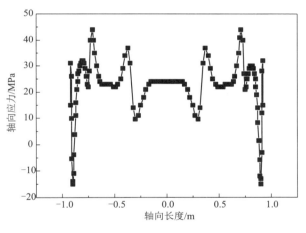

图 7.11 轴向应力图

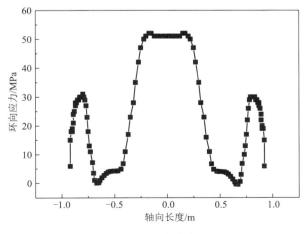

图 7.12 环向应力图

7.3.2 复合材料贮箱端框承载分析

端框结构主要承受轴向载荷,所以对端框结构的分析主要考虑其稳定性是否满足要求。由于夹芯结构的高度、芯材的角度对承载能力影响很大,如果每一次调整这些参数都需要将结构重新建模,则费时费力。在此,考虑用等效的方法来避免重复建模工作,即把夹芯结构等效为实体,获得的参数传递给圆柱壳模型来分析其稳定性。

波纹夹芯结构等效均匀化分析常用的方法有理论推导和数值方法,两种方法可以互相验证。最普遍的数值方法是在合适的边界条件下,基于代表体积单元的一种细观力学有限元方法。对于梯形波纹夹芯结构可以等效成一块具有正交各向异性的薄板,如图 7.13 所示。采用等效方法可快速检验梯形夹芯结构的承载能力。

对梯形波纹夹芯结构单胞赋予材料属性,施加周期性边界条件,可得到六种载荷工况下的应力场,应力云图如图 7.14 所示。对输出的应力场结果进行后处理,即可得到梯形波纹夹芯结构的等效材料参数,实现等效均匀化过程。

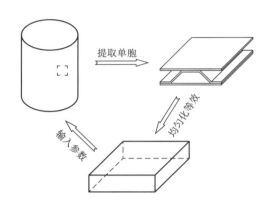

图 7.13 等效均匀化示意图

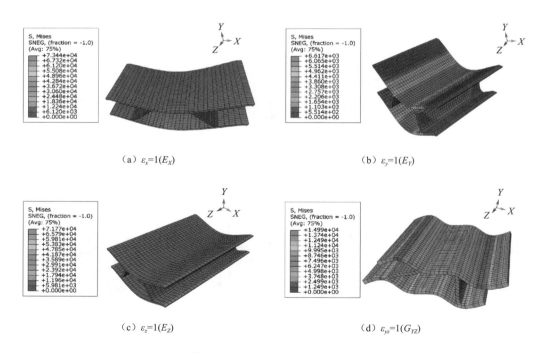

(a) $\varepsilon_x=1(E_X)$

(b) $\varepsilon_y=1(E_Y)$

(c) $\varepsilon_z=1(E_Z)$

(d) $\varepsilon_{yz}=1(G_{YZ})$

图 7.14 波纹夹芯单胞应力云图

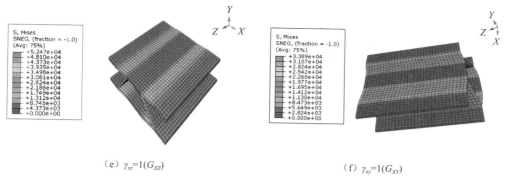

（e）$\gamma_{xz}=1(G_{XZ})$　　　　　　　　　　　　（f）$\gamma_{xy}=1(G_{XY})$

图 7.14　波纹夹芯单胞应力云图（续）

端框屈曲分析采用 ABAQUS 软件，网格划分使用 S4R 壳单元。边界条件为圆柱壳底端固支，顶端约束 X、Y 方向的位移。在圆柱壳顶端圆心处建立参考点 RP，将参考点和顶端节点集建立 Rigid body-Tie 约束。在参考点 Z 方向施加集中力来分析结构的线性分叉屈曲。特征值屈曲前 9 阶模态如图 7.15 所示。

由计算结果可知，一阶特征值为 5 690 480，施加的载荷值为 1 N 时，则发生线性屈曲的临界载荷值为 5 690.48 kN。

在特征值分析步之后，进行非线性后屈曲分析，基于 Riks 法，该计算方法会将需要加载的最大载荷值分成一系列载荷步，求解每个载荷步的结构位移和结构切线刚度矩阵，重复迭代多次直到收敛条件。

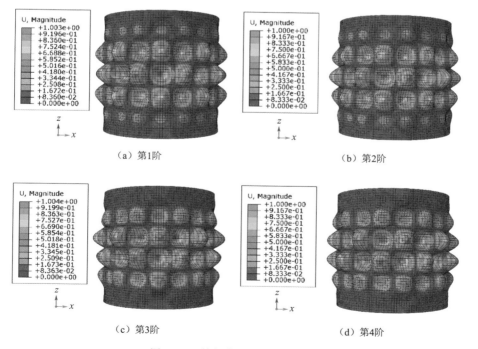

（a）第1阶　　　　　　　　　　　　（b）第2阶

（c）第3阶　　　　　　　　　　　　（d）第4阶

图 7.15　特征值屈曲前 9 阶模态

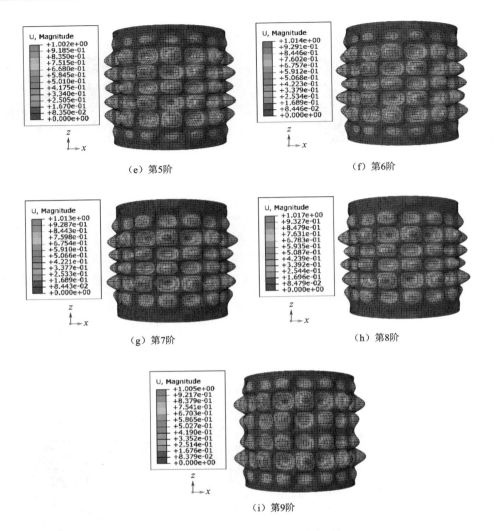

（e）第5阶　　　　　　　　　　　（f）第6阶

（g）第7阶　　　　　　　　　　　（h）第8阶

（i）第9阶

图 7.15　特征值屈曲前 9 阶模态（续）

在 ABAQUS 软件非线性分析中，结构在压缩情况下的真实荷载与施加的初始载荷（也称为参考载荷）之间的关系为

$$P = \lambda P_{\text{ref}} \tag{7.8}$$

式中　λ——比例载荷因子；

　　　P_{ref}——分析步中定义的参考载荷。

后屈曲分析时，施加载荷的方式不变，但载荷值调整为一阶线性临界屈曲载荷值，即 $P_{\text{ref}} = 5\,690.48\ \text{kN}$。

在 ABAQUS 软件中进行非线性分析时，考虑结构的几何非线性，通过修改 .inp 文件引入初始几何缺陷，取低阶线性屈曲模态单元节点位移的 2% 作为初始参考几何缺陷。

当圆柱壳受压达到临界失稳载荷时，位移突然变大发生屈曲，曲线折点即为屈曲发生的

临界点,可查得 λ 值:

$$\lambda = \text{LPF} = 0.931\ 2$$

将 λ 和 P_{ref} 代入式(7.8)可得:

$$P = \lambda P_{\text{ref}} = 5\ 299.0\ \text{kN}$$

故结构发生屈曲的临界载荷值为 5 299.0 kN,非线性后屈曲发生时的应力分布如图 7.16 所示。

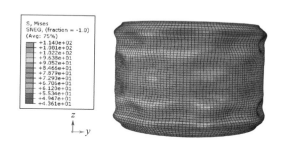

图 7.16　非线性后屈曲圆柱壳应力图

7.4　复合材料贮箱渐进损伤分析

7.4.1　渐进损伤分析的过程

复合材料是各向异性材料,损伤过程不像各向同性材料那样是一个瞬时过程,复合材料的损伤表现为基体开裂、界面分层以及纤维断裂等形式,是一个损伤逐渐累积的过程。本节将利用前述的有限元模型,根据复合材料破坏准则对贮箱进行渐进损伤分析。

复合材料结构设计中一个重要的因素就是材料强度特性的表征,由此也产生了众多的失效准则,如最大应力准则、Hill 准则、Hashin 准则等。由于 Hashin 准则能很好的判断累积损伤破坏模式,因此本算例选用 Hashin 准则判断复合材料贮箱树脂基体的状态,选用最大应力准则判断纤维的断裂。基体开裂准则和纤维断裂准则分别表示如下:

$$当\ \sigma_2 > 0, \quad \left(\frac{\sigma_2}{Y_{\text{t}}}\right)^2 + \left(\frac{\tau_{12}}{S}\right)^2 = e_{\text{m}}^2$$

$$当\ \sigma_2 < 0, \quad \left(\frac{\sigma_2}{Y_{\text{c}}}\right)^2 + \left(\frac{\tau_{12}}{S}\right)^2 = e_{\text{m}}^2 \tag{7.9}$$

$$|\sigma_1| \leqslant \begin{cases} X_{\text{t}} & (\sigma_1 < 0) \\ X_{\text{c}} & (\sigma_1 > 0) \end{cases} \tag{7.10}$$

式中　Y_{t}——树脂拉伸强度;

$\quad\ Y_{\text{c}}$——树脂压缩强度;

$\quad\ S$——剪切强度,当 $e_{\text{m}}^2 \geqslant 1$ 表示有损伤出现,$e_{\text{m}}^2 < 1$ 表示完好;

$\quad\ X_{\text{c}}$——纤维纵向压缩强度;

$\quad\ X_{\text{t}}$——纤维纵向拉伸强度。

应力分量相对于铺层的局部坐标系,其中 1 轴平行于纤维方向,2 轴垂直于纤维方向。

复合材料在内部产生损伤时,刚度也将随损伤而发生衰减,体现在材料常数的变化上。对应的材料退化见表 7.2。

表 7.2　复合材料力学性能参数退化规律

失效形式	刚度退化		
基体开裂	$E'_{22} = 0.2E_{22}$	$G'_{12} = 0.2G_{12}$	$G'_{23} = 0.2G_{23}$
纤维断裂	拉伸 $E'_{11} = 0.07E_{11}$,其他值为 10^{-9}		
	压缩 $E'_{11} = 0.14E_{11}$,其他值为 10^{-9}		

表中有些值取极小值,是为了让有限元软件能够计算,刚度矩阵不发生奇异。

渐进损伤分析过程由 ANSYS APDL 语言实现,通过循环语句进行结构加载和失效判断。分析流程如图 7.17 所示。

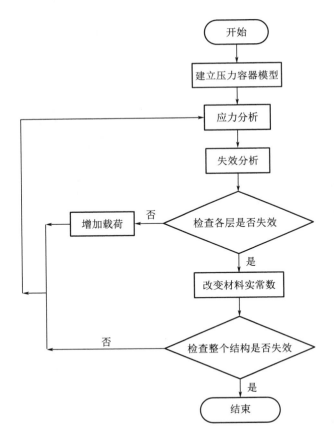

图 7.17　渐进损伤分析流程图

渐进损伤分析的基本过程为：

（1）以 0.1 MPa 为载荷增量逐步施加内压载荷；

（2）提取当前载荷条件下的各个单元以及各层计算结果；

（3）利用 Hashin 准则和最大应力准则判断失效形式；

（4）修改失效单元内失效层的材料常数；

（5）载荷增加，重复上述过程，直到某个单元各层的纤维全部断裂。

在已经建立好的模型上，施加载荷后进行分析，获得各单元各层的应力值，按照失效准则计算失效因子。若有失效层，按照材料退化规律更改材料属性。结构失效是以单元上的各层纤维均断裂作为判断条件。

7.4.2 贮箱壳体渐进损伤分析

对于 18 层缠绕结构，基本上每三层为一个缠绕结构的循环。图 7.18 表示了初始阶段在 0.2 MPa 时贮箱外面三层的树脂开裂因子，在封头过渡段值最大。

图 7.19 表明，在 0.5 MPa 时开始有树脂开裂因子达到 1，说明此处的树脂有裂纹产生了。此时纤维的断裂因子如图 7.20 所示。

图 7.21 表明，在 2.2 MPa 时开始有纤维断裂因子达到 1，说明此处的纤维断裂了。

继续对贮箱进行增压，图 7.22 表明，在 2.8 MPa 时在封头与筒身连接处单元的纤维全部断裂，则此时的承载压力为贮箱的预测爆破压力。

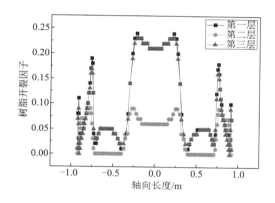

图 7.18　在 0.2 MPa 时贮箱外面
三层的树脂开裂因子

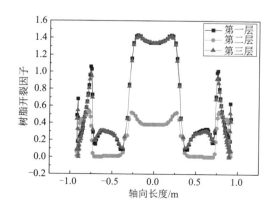

图 7.19　在 0.5 MPa 时贮箱外面
三层的树脂开裂因子

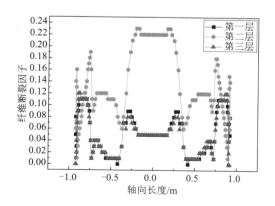

图 7.20　在 0.5 MPa 时贮箱外面
三层的纤维断裂因子

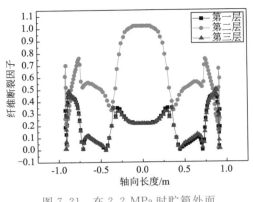

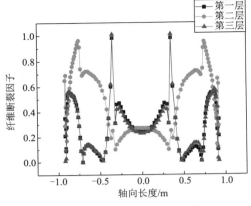

图 7.21　在 2.2 MPa 时贮箱外面　　　　图 7.22　在 2.8 MPa 时贮箱外面
三层的纤维断裂因子　　　　　　　　三层的纤维断裂因子

7.5　复合材料贮箱渗漏预报

7.5.1　复合材料贮箱渗漏预报流程

　　复合材料在低温环境下使用,由于材料的物理特性,微裂纹必然会在树脂基体中产生。贮箱裂纹的产生既然是不可避免的,只能通过改善材料内部的结构来提高树脂的韧性,降低裂纹的密度和尺寸。同时,采用理论、试验的方法,预报贮箱的渗漏,对提升贮箱性能非常有益。

　　复合材料贮箱渗漏性预报流程如图 7.23 所示。首先明确复合材料纤维、树脂基体、纤维体积分数等材料参数,采用细观力学有限元方法计算复合材料的单层等效参数。然后将复合材料单层等效参数输入到贮箱宏观有限元模型中,同时作为复合材料刚度退化模型的初始(或无损)参数。通过复合材料刚度退化模型和树脂断裂能量释放率计算复合材料的渗漏性,分析参数与应变的相互关系。通过复合材料贮箱宏观有限元分析获得确定的应力场,就能够计算渗漏性参数,求解复合材料贮箱的宏观渗漏率。

7.5.2　复合材料刚度退化模型

　　根据纤维树脂基复合材料的特点与试验规律,对含有微裂纹的材料进行理想化假设:①横贯裂纹完全沿纤维方向;②树脂基体中的横贯裂纹贯穿纤维方向与厚度方向;③整个裂纹代表性体积元为线弹性材料;④横贯裂纹严格按周期性排列;⑤裂纹断口上下顶端的裂纹开口大小为 0,即裂纹代表性体积元的上下顶端完全连续。

　　含有一定裂纹密度的复合材料模型如图 7.24 所示,且含裂纹的材料可以等效为周期性分布的裂纹代表性体积元。图中 σ_x 为施加的拉伸应力,θ 为层合板的铺设方向,L,w,h 分别为裂纹的长度、宽度和高度参数。

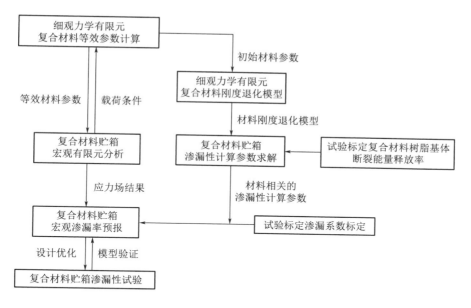

图 7.23 复合材料贮箱渗漏性预报流程

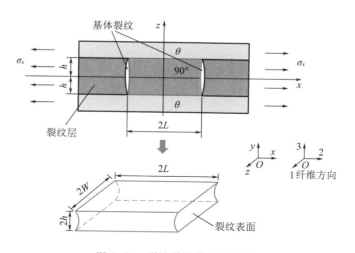

图 7.24 裂纹单胞模型示意图

由于裂纹断口的存在,裂纹代表性体积元所代表的复合材料弹性刚度将会下降(主要是
2 方向弹性模量降低),裂纹代表性体积元模型的 2 方向长度为 $2L$,定义材料中的裂纹密度
为 $\rho(1/\text{mm})$,即每毫米的横贯裂纹数量,则 ρ 可表示为

$$\rho = \frac{1}{2L} \tag{7.11}$$

对不同裂纹密度的材料赋予材料参数,并进行基于细观力学有限元的复合材料等效参
数计算,可以得到随裂纹密度变化的等效材料参数,分别表示为 $E_1(\rho)$、$E_2(\rho)$、$E_3(\rho)$、

$\nu_{23}(\rho)$、$\nu_{13}(\rho)$、$\nu_{12}(\rho)$、$G_{23}(\rho)$、$G_{31}(\rho)$、$G_{12}(\rho)$，同时得到各裂纹代表性体积元的裂纹开口大小，并计算单位应变下的平均裂纹开口大小，用 $u(\rho)$ 表示。

7.5.3 裂纹密度与应变的相互关系

考虑尺寸为 $2h \times 2w \times 2L$ 的代表性体积元，如图 7.25 所示，分别对裂纹密度为 0 和 ρ 的两个代表性体积元施加相同的载荷 P_1，且 $P_1 = A \times \sigma_2(\rho) = 4hw \times \sigma_2(\rho)$，则在此载荷下相应产生位移 v_1、v_2，如图 7.26 所示。由于裂纹密度为 ρ 的代表性体积元发生了材料刚度退化，在载荷相同的情况下有 $v_1 > v_2$。假设载荷 P_1 均匀作用在代表性体积元 2 方向的表面上，且根据正交各向异性材料的平面应力状态，复合材料代表性体积元的本构关系可以表示为式：

$$\begin{bmatrix} \varepsilon_1 \\ \varepsilon_2 \\ \gamma_{12} \end{bmatrix} = \begin{bmatrix} \dfrac{1}{E_1} & -\dfrac{\nu_{12}}{E_1} & 0 \\ -\dfrac{\nu_{12}}{E_1} & \dfrac{1}{E_2} & 0 \\ 0 & 0 & \dfrac{1}{G_{12}} \end{bmatrix} \begin{bmatrix} \sigma_1 \\ \sigma_2 \\ \tau_{12} \end{bmatrix} \tag{7.12}$$

式中 ε_1，ε_2，γ_{12} 分别表示 1、2 方向上的正应变和 12 平面的剪应变，σ_1，σ_2，τ_{12} 分别表示 1、2 方向上的正应力和 12 平面的剪应力。

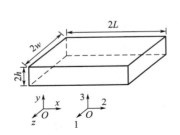

图 7.25 裂纹代表性体积元示意图

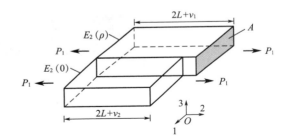

图 7.26 加载后的代表性体积元

求解得到的弹性参数与裂纹密度一一对应，是瞬时状态下的材料刚度退化结果，根据线弹性断裂力学理论中的恒载荷情形，两个代表性体积元在瞬时加载状态下的应变能 $U(0)$ 及 $U(\rho)$ 可以表示如下：

$$U(0) = \frac{1}{2}P_1 v_1 = \frac{1}{2}A \cdot \sigma_2(\rho) \cdot 2L \cdot \varepsilon_0(\rho) = AL\sigma_2(\rho) \cdot \left[-\frac{\nu_{12}(0)}{E_1(0)}\sigma_1(\rho) + \frac{\sigma_2(\rho)}{E_2(0)} \right] \tag{7.13}$$

$$U(\rho) = \frac{1}{2}P_1 v_2 = \frac{1}{2}A \cdot \sigma_2(\rho) \cdot 2L \cdot \varepsilon(\rho) = AL\sigma_2(\rho) \cdot \left[-\frac{\nu_{12}(\rho)}{E_1(\rho)}\sigma_1(\rho) + \frac{\sigma_2(\rho)}{E_2(\rho)} \right] \tag{7.14}$$

式中 $\varepsilon_0(\rho)$ 和 $\varepsilon(\rho)$ 分别为裂纹密度为 0 和 ρ 时代表性体积元在载荷 P_1 下的应变。

若在裂纹密度为 0 且 2 方向长度为 $2L$ 的代表性体积元中产生一条长度为 $2w$ 的裂纹，则增加了由于裂纹产生的表面能 U_γ，此时裂纹单胞密度从 0 变为 ρ，与裂纹密度为 ρ 的单胞应变能相等，则有式(7.15)：

$$U(0) + U_\gamma = U(\rho) \tag{7.15}$$

式中，$U_\gamma = AG_{mc}$，A 为横贯裂纹的面积，G_{mc} 为复合材料树脂基体临界断裂能量释放率。

将式(7.13)和式(7.14)代入式(7.15)，整理得：

$$A \cdot G_{mc} = AL \cdot \sigma_2(\rho) \cdot \left\{ \left[\frac{\nu_{12}(0)}{E_1(0)} - \frac{\nu_{12}(\rho)}{E_1(\rho)} \right] \cdot \sigma_1(\rho) + \left[\frac{1}{E_2(\rho)} - \frac{1}{E_2(0)} \right] \cdot \sigma_2(\rho) \right\} \tag{7.16}$$

由于材料参数 ν_{12}、E_1 随基体微裂纹的变化非常小，可近似看做与裂纹密度 ρ 无关的常数，则有：

$$\frac{\nu_{12}(0)}{E_1(0)} - \frac{\nu_{12}(\rho)}{E_1(\rho)} \approx 0 \tag{7.17}$$

将式(7.17)代入式(7.16)，整理得：

$$\sigma_2(\rho) = \sqrt{\frac{2\rho \cdot G_{mc}}{\dfrac{1}{E_2(\rho)} - \dfrac{1}{E_2(0)}}} \tag{7.18}$$

式中的裂纹密度 ρ、各裂纹密度下 2 方向的弹性模量 $E_2(\rho)$ 为已知，树脂基体临界断裂能量释放率 G_{mc} 为材料相关的常数，则可以求出裂纹密度从 0 到 ρ 时所需的加载应力大小 $\sigma_2(\rho)$。$\sigma_2(\rho)$ 也可以看做复合材料微裂纹的萌生应力，但是宏观复合材料有限元分析中未考虑材料刚度退化，因此 $\sigma_2(\rho)$ 不能直接作为宏观贮箱结构有限元分析应力场结果的裂纹密度判据，只能作为材料结构初始微裂纹萌生的应力条件。

在宏观贮箱结构有限元分析中，没有考虑复合材料在产生基体微裂纹后的刚度退化，因此宏观贮箱有限元分析获得的应力场结果 $\sigma_2(\rho)'$ 与微裂纹密度 ρ 之间的关系由式(7.19)判定。

$$\sigma_2(\rho)' = \sqrt{\frac{2G_{mc}}{L_0 \left[\dfrac{1}{E_2(1/L_0)} - \dfrac{1}{E_2(0)} \right]}} + \sqrt{\frac{2\rho \cdot G_{mc}}{\dfrac{1}{E_2(1/L_0)} - \dfrac{1}{E_2(0)}}} \tag{7.19}$$

式中，L_0 为宏观复合材料贮箱有限元分析中的网格尺寸，式右边第一项表示复合材料宏观结构中初始微裂纹产生时的应力大小。

7.5.4　复合材料贮箱渗漏性预报

基于微裂纹渗漏的扩散机理，考虑如图 7.27 所示的复合材料层合板渗漏路径，认为渗漏率与渗漏路径的截面积成正比，则复合材料两个相邻层之间的渗漏率可以由下式表示：

$$C_{12} = \frac{n_{12}\Omega\Delta_1\Delta_2}{\sin\theta} \tag{7.20}$$

式中　C_{12}——复合材料单层 Ply-1 与 Ply-2 之间的渗漏率；

　　　n_{12}——两个相邻层树脂基体微裂纹的交叉点个数，即微裂纹渗漏路径的数量；

Ω——流体相关的渗漏系数，由试验标定；

Δ_1、Δ_2——单层 Ply-1、Ply-2 的裂纹开口位移；

θ——交会角，即两相邻层之间的铺层角之差。

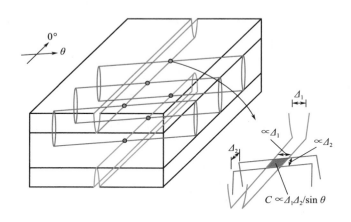

图 7.27　复合材料层合板的微裂纹渗漏示意图

两个相邻层之间微裂纹渗漏路径的数量 n 可以由各单层的裂纹密度得到，用 ρ_1、ρ_2 分别表示单层 Ply-1、Ply-2 的基体微裂纹密度，用 L_1、L_2 表示单层 Ply-1、Ply-2 的 2 方向有效长度（在宏观有限元中求解时，有效长度为有限单元的 2 方向长度），则 n_{12} 可以表示为

$$n_{12} = \rho_1 L_1 \cdot \rho_2 L_2 \tag{7.21}$$

将式（7.21）代入式（7.20），则复合材料两个相邻层 Ply-1 与 Ply-2 之间的渗漏率可以表示为

$$C_{12} = \Omega \frac{\rho_1 \rho_2 L_1 L_2 \Delta_1 \Delta_2}{\sin \theta} \tag{7.22}$$

假设复合材料贮箱一共分为 k 层（分别为 Ply-1、Ply-2、$\cdots$、Ply-k），用 C_{ij} 表示单层 Ply-i 与 Ply-j 之间的渗漏率，则复合材料贮箱的整体渗漏率 C 可表示为

$$C = \left(\frac{1}{C_{12}} + \frac{1}{C_{23}} + \cdots + \frac{1}{C_{(k-1)k}} \right)^{-1} = \left(\sum_{i=2}^{k} \frac{1}{C_{(i-1)i}} \right)^{-1} \tag{7.23}$$

按照式（7.19）可以通过复合材料贮箱的宏观有限元应力，得到各复合材料铺层的每个有限单元的基体微裂纹密度。设复合材料贮箱其中一个铺层 i 的一个有限单元的微裂纹密度为 ρ_i，该有限单元的平均裂纹开口大小 u_i 由宏观应变分量 ε_{i2} 及裂纹开口大小 $u(\rho_i)$ 计算可得，如式（7.24）所示，其中相应裂纹密度 $u(\rho_i)$ 为代表性体积元在单位应变下裂纹开口大小。

$$u_i = \varepsilon_{i2} \cdot u(\rho_i) \tag{7.24}$$

式中，下标 i 表示复合材料第 i 层的某个有限单元。

设与第 i 层相邻且位于同一位置的有限单元为 j，微裂纹密度为 ρ_j、平均裂纹开口大小为 u_j，基于微裂纹渗漏的扩散机理，认为渗漏率与渗漏路径的截面积成正比，将上述参数代

入式(7.22)，则该有限单元 i、j 两层之间的渗漏率 C_{ij} 可表示为

$$C_{ij} = \Omega \frac{\rho_i \rho_j u_i u_j}{\sin \theta_{ij}} \tag{7.25}$$

式中　Ω——流体相关的渗漏系数，由试验标定；

$\quad\quad\theta_{ij}$——复合材料铺层 i、j 之间的交会角，即两相邻层之间的铺层角之差。

假设复合材料层合板一共分为 k 层（分别为 Ply-1、Ply-2、$\cdots$、Ply-k），分别计算渗漏率 C_{12}、C_{23}、$\cdots$、$C_{(k-1)k}$，并带入式(7.23)，则可得复合材料贮箱的整体渗漏率 C。

7.6　复合材料贮箱工艺设计

复合材料贮箱制备采用纤维缠绕工艺，缠绕工艺分为湿法缠绕、干法缠绕和半干法缠绕。湿法缠绕是纤维通过浸胶盒，并借助绕丝嘴的移动和芯模的转动来预成型；干法缠绕则是先将纤维和树脂制备成预浸料，然后缠绕预成型，该法对设备的要求较高，产品树脂分布均匀，质量好；半干法缠绕介于两者之间。另外，结构健康监测技术也可应用于复合材料贮箱成型工艺的各个阶段，为贮箱的质量提供技术保障。

7.6.1　模具设计

设计复合材料贮箱时，需要考虑芯模的材质。由于没有内衬，所以芯模在缠绕结束后需要移除。NASA 贮箱的法兰口比较大，芯模采用复合材料拼装而成，贮箱成型后可以从内部将芯模取出。复合材料芯模的优点是在固化过程中不会引入多余的应力，但是成本也极高。

本章设计示例的贮箱考虑用石膏制作芯模，贮箱固化成型后，从开口处将芯模拆散取出，形成全复合材料贮箱。石膏制备芯模方法简单，易于拆除，且其粘结作用好，如果芯模刚度不足内部还可放置加强筋条。

7.6.2　纤维缠绕成型工艺

缠绕成型是将浸过树脂胶液的连续纤维按照一定规律缠绕到芯模上，再经过固化、脱模，获得最终制品的一种成型工艺。无论采用干法缠绕，还是湿法缠绕，均需保证产品质量。缠绕成型工艺流程如图 7.28 所示。

关于缠绕成型工艺的参数，可从以下几个方面进行选择。

(1)含胶量

含胶量的高低会影响贮箱的质量，含胶量过高，会使贮箱的强度低、重量大，不利于贮箱的使用。含胶量过低又会导致纤维粘结不够，贮箱的气密性、耐老化性不满足要求。采用干法缠绕可以较好地控制含胶量。湿法缠绕的树脂黏度、缠绕张力和浸渍时间都会影响含胶量。在浸胶过程中，通过控制纤维纱的速度、张力大小、树脂加热等方法可保证含胶量均匀。

（2）缠绕张力

缠绕张力的大小、各束纤维中张力的均匀性、缠绕层之间纤维张力的均匀性都会影响贮箱的质量。张力太小，会导致纤维取向变差、粘结不牢固等问题。张力过大，会使制品强度降低。缠绕张力的大小可按照纤维强度的 5％～10％ 选取。

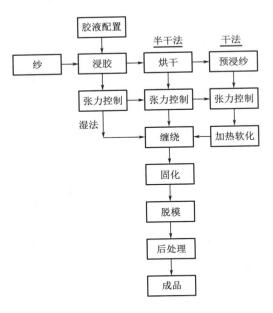

图 7.28　缠绕成型工艺流程图

（3）缠绕速度

缠绕速度由芯模旋转速度和绕丝嘴运动线速度决定，反映了缠绕过程的生产效率。湿法缠绕的速度不宜过快，最大不要超过 0.9 m/s。

（4）固化制度

纤维缠绕制品在固化过程中需要缓慢转动来保证贮箱受热均匀和防止流胶。贮箱结构耗费材料多、制备时间长，为保证固化制度的合理性，可通过模拟方法预报固化过程的温度场和固化度，预测产品质量，提高工艺可行性。

参考文献

［1］ 黄志雄,张联盟.复合材料产品设计[M].武汉:武汉理工大学出版社,2002.

［2］ 王耀先.复合材料结构设计[M].北京:化学工业出版社,2001.

［3］ 刘洋,陈茂林,杨涓.固体火箭发动机复合材料基础及其设计方法[M].西安:西北工业大学出版社,2012.

［4］ 黄诚,雷勇军.大型运载火箭低温复合材料贮箱设计研究进展[J].宇航材料工艺,2015(2):1-7.

［5］ 湛利华,关成龙,黄诚,等.航天低温复合材料贮箱国内外研究现状分析[J].航空制造技术,2019,62(16):79-87.

［6］ 张辰威,张博明.复合材料贮箱在航天飞行器低温推进系统上的应用与关键技术[J].航空学报,2014,35(10):2747-2755.

［7］ ACHARY D,BIGGS R,BOUVIER C G,et al. Composite development and applications for cryogenic tankage[C]//Proceedings of the 46th AIAA/ASME/ASCE/AHS/ASCSDM conference. Austin,TX: AIAA,2005:2160.

［8］ MALLICK K,CRONIN J,RYAN K,et al. An integrated systematic approach to linerless composite tank development[C]// 46th AIAA/ASME/ASCE/AHS/ASC Structures:Structural Dynamics and Materials Conference. Austin,TX:AIAA,2005:2089.

［9］ JACKSON J R,VICKERS J,FIKES J. Composite cryotank technologies and development 2.4 and 5.5m out of autoclave tank test results[M]. Dallas,Texas USA:Composites and Advanced Materials Expo(CAMX),2015.

[10] DOUGLAS A,MCCARVILLE D A,JUAN C,et al. Design,manufacture and test of cryotank components[J]. Comprehensive Composite Materials II,2018,3:153-179.

[11] BRIAN H M,SLEIGHT D W,SATYANARAYANA A,et al. Test and analysis correlation for a y-joint specimen for a composite cryotank[EB/OL]. [2015-10-1]. https://ntrs.nasa.gov/search. R=20160000773.

[12] JOHNSON T F,SLEIGHT D W,MARTIN R A. Structures and design phase I summary for the NASA composite cryotank technology demonstration project[C] // Aiaa/asme/asce/ahs/asc Structures,Structural Dynamics,& Materials Conference. 2013.

[13] MCCARVILLE D A,GUZMAN J C,SWEETIN J L,et al. Manufacturing Overview of a 2.4 Meter (7.9 Foot)Composite Cryotank[J]. SAMPE Journal,2013,49(5):7-13.

[14] SIPPEL M,KOPP A,SINKO K. Advanced hypersonic cryo-tanks research in CHATT[C]//18th AIAA/3AF International space planes and hypersonic systems and technologies Conference. AIAA,2012:5945.

[15] 李家亮.环氧树脂液氧相容性与低温力学性能研究[D].大连:大连理工大学,2017.

[16] 李世超.耐低温环境复合材料树脂基体的设计、制备及性能表征[D].大连:大连理工大学,2018.

[17] 张建峰.碳纤维增强树脂基复合材料低温液氧相容性研究[D].哈尔滨:哈尔滨工业大学,2010.

[18] 赵海涛.基于光纤传感技术的复合材料结构全寿命健康监测研究[D].哈尔滨:哈尔滨工业大学,2008.

[19] 张晓晶.复合材料壳体结构健康监测研究[D].哈尔滨:哈尔滨工业大学,2005.

[20] 黄诚.航天运载器低温复合材料贮箱结构设计方法研究[D].长沙:国防科学技术大学,2017.

[21] LI W,SUN F,WEI W,et al. Fabrication and testing of composite corrugated-core sandwich cylinder [J]. Composites Science & Technology,2018,156:127-135.

[22] LI M,SUN F,LAI C,et al. Fabrication and testing of composite hierarchical Isogrid stiffened cylinder [J]. Composites Science & Technology,2018,157:152-159.

[23] TIDWELL R S,MCCARVILLE D A,BIRKLAND J O,et al. Fluted core skirt development for the composite cryotank technology development program [C] // SAMPE Tech Seattle 2014 Conference,2014.

[24] 陈振国,矫维成,闫美玲,等.碳纤维增强树脂基复合材料低温贮箱抗渗漏性研究进展[J].玻璃钢/复合材料,2018(11):111-118.

[25] 陈琪,关志东,何为,等.复合材料层合结构低速冲击后的渗漏性能[J].航空材料学报,2015,35(1):59-65.

[26] YOKOZEKI T,OGASAWARA T,AOKI T,et al. Experimental evaluation of gas permeability through damaged composite laminates for cryogenic tank[J]. Composites Science and Technology,2009,69(9):1334-1340.

[27] ALLISON S G,PROSSER W H,HARE D A,et al. Optical fiber distributed sensing structural health monitoring(SHM)strain measurements taken during cryotank y-joint test article load cycling at liquid helium temperatures[C]//Fiber Optic Sensors and Applications V. International Society for Optics and Photonics,2007.

第8章 复合材料储能结构设计

8.1 概 述

8.1.1 结构电池的概念及优势

结构功能一体化是当今材料科学与技术领域的重要研究方向,更是新型航空航天飞行器材料结构设计的必然发展趋势。多功能结构电池作为一种具有储存电能和承受载荷的多功能新型材料,能够有效地减轻总体质量,扩大载荷装载空间,提高系统工作效率。通过合理的多功能结构设计,调节各种性能可以满足不同的结构和功能需求,因此具有广阔的应用和发展前景。

美国能源部能源先进研究计划署(advanced research project agency-energy,ARPA-E)于 2013 年宣布了新一代能源储存结构系统(robust affordable next generation energy storage systems,RANGE)。RANGE 计划主要支持 22 个采用创新化学电池/架构设计的电动汽车能源储存结构项目,对多功能结构储能方向进行研究。

沃尔沃提出结构电池方案以替代传统的汽车壁板,实现电动汽车结构能源存储一体化的概念。如图 8.1 所示,该结构电池方案采用碳纤维增强复合材料作为储能和封装材料,在非主承力结构壁板中埋入片状锂电池以及其他电子元件,相比传统电动汽车,系统总体质量大大减轻,同时提高了续航里程。

 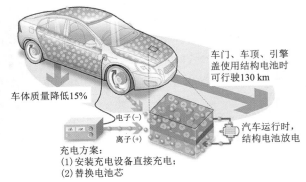

车门、车顶、引擎盖使用结构电池时可行驶130 km

车体质量降低15%

电子(-)

离子(+)

汽车运行时,结构电池放电

充电方案:
(1)安装充电设备直接充电;
(2)替换电池芯

图 8.1 电动汽车结构电池方案

复合材料自身优良的力学和电学性能以及层合结构的可设计性,对于多功能结构开发与设计有巨大优势,是多功能结构技术发展的重要方向。碳纤维增强复合材料和锂电池具有众多相同之处,首先碳纤维材料中同样存在石墨片层结构,使锂离子可以在碳层之间嵌入和脱出,同时复合材料的层合结构与电池多层结构类似,使碳纤维材料可以作为锂离子电池的电极嵌入电池结构中。碳纤维复合材料的优良电性能和力学性能的结合构成了多功能结构锂离子电池得以实现的必要基础。

8.1.2 结构电池的发展现状

多功能结构类电池方案是将电池放置或融合到结构当中,使结构实现承载与储能的双重作用,减少系统质量与空间。多功能结构电池的研究发展主要分为两类。第一类是部件级的多功能结构电池,如图 8.2(a)所示,即将整个块状锂电池嵌入结构内部,作为夹芯的一部分;图 8.2(b)所示为美国空军研究实验室资助 ITN 公司的 LiBaCore 方案,它将固态的薄膜锂电池集成到蜂窝夹芯板表面,即在不显著增加质量的情况下利用空间,该方案受到薄膜锂电池制备技术不成熟的制约,并且为保证结构电池在外部恶劣环境条件下正常工作,需要将热控管理系统、电路连接和充放电电路的可靠性等要求与结构设计结合起来。

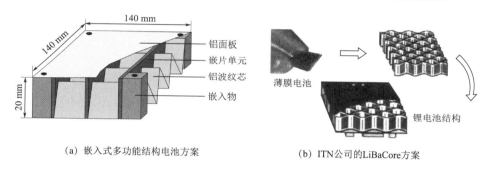

(a) 嵌入式多功能结构电池方案　　　　(b) ITN公司的LiBaCore方案

图 8.2　多功能结构电池方案

第二类为材料级多功能结构电池。目前材料级多功能结构电池主要分为以下两种结构:一种是长纤维多功能结构电池,如图 8.3 所示,以金属纤维或碳纤维作为结构电池的力学和电学基体,通过在纤维上分层沉积集电体、正极、电解质和负极等组分构成长纤维电池,并通过三维编织方式将纤维组成柔性、轻质储能构件,实现三维方向的柔性,从而能够适应多样的结构设计。

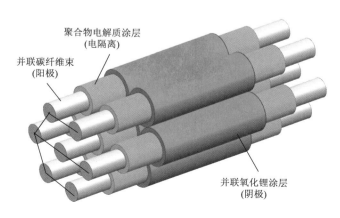

图 8.3　长纤维多功能结构电池示意图

另一种是短纤维多功能结构电池,如图 8.4 所示,将改性的纳米碳纤维短切料作为改善电极导电性能和机械性能的增强剂,使电极材料具备优良的机电性能。这一类材料级的多功能结构电池因其巨大发展潜力,受到人们的广泛关注。

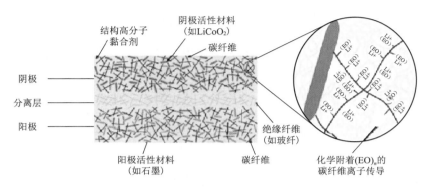

图 8.4　短纤维多功能结构电池结构示意图

国内学者以碳纤维为基体电极,研制了一种具有优良力学和电学性能的多功能结构电池材料,如图 8.5 所示。该结构电池以碳纤维层作为主承力层和阴极,以磷酸铁锂(LiFePO$_4$)薄膜作阳极,采用含导电离子液的环氧树脂作为黏结剂与固态电解质,通过添加纳米黏土增加固体电解质的分散性,并改善基体与填料间的界面张力,其能量密度达到 12 W·h/kg,约为商用锂电池的十分之一,又具有较强的机械性能,可通过铺层和成型设计,适应不同形状的需求。

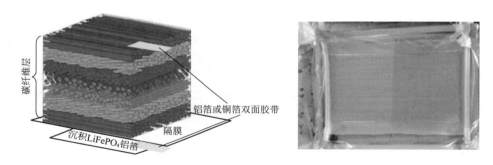

图 8.5　复合材料结构电池方案

8.2　复合材料电极的细观模型

8.2.1　复合材料电极的细观参数

复合材料电极是一种采用 T700S 碳纤维增强液体电解质/环氧树脂的双相聚合物,同普通的树脂基复合材料相比,增加了液体电解质,从而能作为多功能材料使用。为获得储能复合材料的细观参数,采用酒精浸泡处理的方式去除材料基体中液体电解质相,然后对复合材料储能结构进行干燥处理,即可在扫描电镜上观察其细观结构形貌,如图 8.6 所示。环氧树脂基体相起到了支撑骨架的作用,而有机液体电解质导电相在微米尺度上贯穿整个环氧树脂基体相。环氧树脂基体相主要有片形和球形两种形态,通过在三维空间内随机搭接构成。

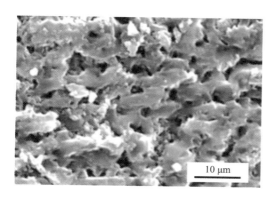 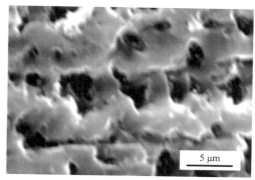

10 μm 5 μm

图 8.6 复合材料电极基体微观形貌图

通过测量扫描电镜 SEM 照片中孔洞尺寸可知,其中片状环氧的尺寸约 10 μm,球状环氧的尺寸约 1~2 μm,孔隙的尺寸约 1~4 μm,尺寸随机分布见表 8.1。复合材料电极基体的微观结构特征总体呈无序随机状态,局部遵循一定规律排列,尺寸参数服从统计学规律。因此,可以将此类复合材料近似成具有周期孔隙的单胞模型,通过对复合材料基体相生长形成过程进行随机建模,实现对材料宏观等效性能的预报。

表 8.1 孔隙尺寸统计

孔隙尺寸	占比	孔隙尺寸	占比
0.5~1.5 μm	18.75%	2.5~3.5 μm	18.75%
1.5~2.5 μm	50%	3.5~4.5 μm	12.5%

8.2.2 三维随机生长算法

基于材料微观结构和孔隙的随机分布特性,通过蒙特卡洛原理,在三维空间栅格中随机生成点核并随机选择方向生长,模拟材料组分固化随机形成微观结构的过程。三维随机生长算法的基本假设如下:

(1)模拟空间区域为立方体;

(2)初始点核在空间内随机分布;

(3)空间点核可在空间向 26 个方向生长(见图 8.7);

(4)点核生长方向随机,不考虑表面效应对生长的影响。

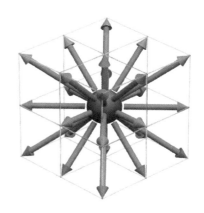

图 8.7 空间 26 个方向随机生长示意图

为模拟基体材料的生长过程,满足生长过程的随机性,需在三维空间内随机选择初始生长位置,并在空间 26 个方向随机选择完成生长迭代,通过各部分随机参数的调整完成对模型的控制。

基于蒙特卡洛原理,对初始点核的空间随机位置和生长方向进行随机分布,建立空间点核模型。三维随机生长算法过程如下:

(1)首先定义并输入全局空间参数 k_n,生成空间模拟区域;

(2)输入模型目标体积分数 φ_m,确定终止条件;

(3)输入空间点核分布概率数 C_d,在三维空间随机生成初始生长点核;

(4)检验空间区域中点核的投放量是否满足目标要求,满足跳至最后一步,否则继续下一步;

(5)去除已填充点核的空间区域,生成新的空间模拟区域;

(6)遍历所有点核,在空间 26 个随机方向随机生长,判读是否满足生长概率数,若满足且新生点核在新空间模拟区域则生成新点核;

(7)检验空间区域中点核的投放量是否满足目标要求,否则重复步骤 6;

(8)达到目标体积分数,去除内部点核,生成点云文件。

采用 MATLAB 软件编制复合材料聚合物中基体相的三维随机生长过程,并生成点云文件,然后输入到 Geomagic Studio 软件中将点云文件参数化,构建基体相随机生长分布的仿真模型,构建流程如图 8.8 所示。

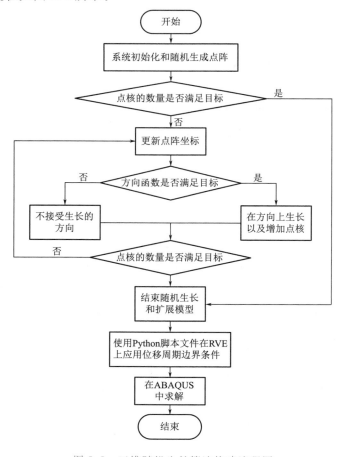

图 8.8 三维随机生长算法构建流程图

在三维随机生长模型生成过程中,即使设定相同的模型参数,但在随机函数状态不锁定的情况下,每次生成的模型都不同,这验证了模型生成的随机性。三维随机生长算法将微观结构形成过程参数化,因此可以通过修改参数控制来调整和改变模型。其中初始点核数量、点核生长方向均通过蒙特卡洛随机数控制,点核空间 26 个方向生长速率独立控制。

三维随机生长单胞模型的构建过程如图 8.9 所示。

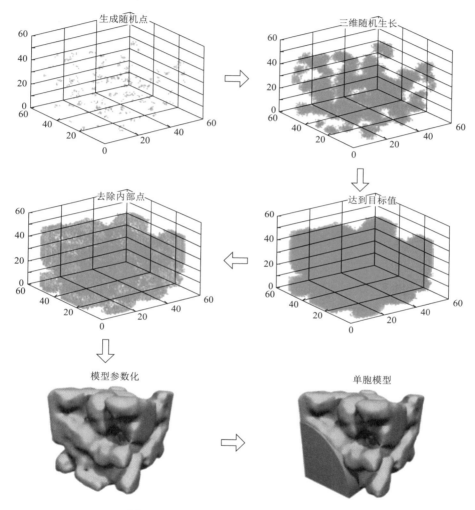

图 8.9　三维随机生长单胞模型构建过程

8.2.3　点云数据封装

将 MATLAB 软件模拟三维随机生长过程生成的点云数据导入 Geomagic Studio 软件中,由于点核生长过程的随机性使得大量体外孤点存在,需要对点云数据进行降噪处理,通过设置偏差阀值,删除体外孤点,进行多次优化后可得到高质量的自由曲面点云数据,如图 8.10 所示。

通过设置采样间距以及小三角形数量,对优化后的点云数据进行多边形封装,点云数据拟合生成多边形模型,如图 8.11 所示。

由图 8.11 可知,封装出的多边形模型在自由曲面上拟合生成大量钉状三角形,导致曲面粗糙不光滑,可通过设置曲率光顺参数,对曲面进行松弛,并通过对局部几何进行清理,得到光顺曲面,如图 8.12 所示。

通过对轮廓线进行编辑生成曲面片体,将完成清理的多边形模型曲面转换成参数曲面,并输出 STP 格式实体模型转至 UG 或 Hypermesh 软件中进行实体清理编辑或网格操作,生成完整的单胞有限元模型。

图 8.10   基体模型点云数据

图 8.11   点云封装模型

8.2.4   参数模型后处理

碳纤维复合材料是由多组元相构成的复合结构,需将通过随机生长算法得到的基体模型与碳纤维模型一起封装到标准的立方体中,建立完整的复合材料单胞模型,以满足后续有限元计算的要求。封装后的复合材料几何模型如图 8.13 所示。

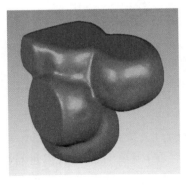

图 8.12   基体封装优化模型   图 8.13   复合材料电极几何模型

复合材料单胞模型中的黑色部分为碳纤维模型,纤维半径 $r_f = 3.5~\mu m$。蓝色部分为通过三维随机生长算法得到的基体模型,其中白色透明部分为导电体,作为基体与纤维之间孔隙的填充物。后处理完成的复合材料单胞模型即可载入至 Abaqus 软件中进行有限元处理与计算。

不同特征的复合材料单胞模型可通过三维随机生长算法设置相应的随机参数获得,如不同体积分数的单胞模型、不同孔隙结构的单胞模型和不同孔隙形状的单胞模型。

8.2.5　随机验证模型

在随机函数状态不锁定的条件下,三维随机生长算法会随机得到不同的空间结构模型。为验证三维随机生长模型的随机特性,本章设计算例设置体积分数 $\varphi_m = 70\%$,初始生长点核分布概率数 $C_d = 5 \times 10^{-7}$,空间 26 个方向概率均为 $P = 0.1$。重复随机过程三次生成模型1、模型 2 和模型 3,如图 8.14~图 8.16 所示。

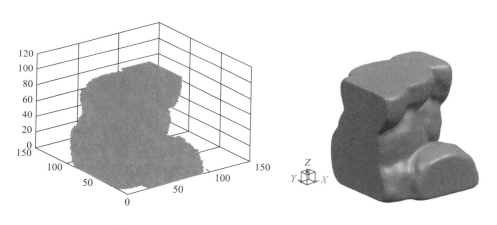

图 8.14　模型 $1(\varphi_m = 70\%, C_d = 5 \times 10^{-7}, P = 0.1)$

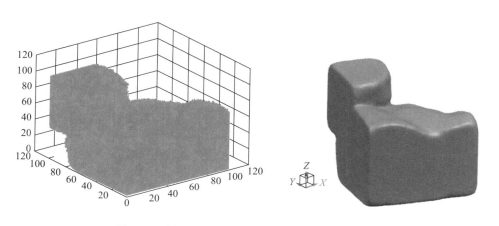

图 8.15　模型 $2(\varphi_m = 70\%, C_d = 5 \times 10^{-7}, P = 0.1)$

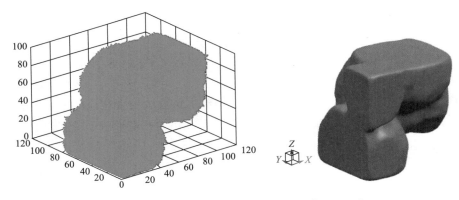

图 8.16　模型 3（$\varphi_m=70\%$, $C_d=5\times10^{-7}$, $P=0.1$）

由图 8.14～图 8.16 可知,在初始生长点核分布概率相同时,三维随机生长算法每次得到的起始点核数量和空间位置均是随机产生的,验证了模型建模过程的随机性。其中模型 1 初始点核数为 8 个,整体迭代 39 次达到目标体积分数;模型 2 初始点核数为 7 个,整体迭代 42 次达到目标体积分数;模型 3 初始点核数为 7 个,整体迭代 41 次达到目标体积分数。分析可知,模型中初始点核数量越大,达到目标体积分数需要的迭代次数越少。初始点核数量相同时,整体迭代次数还与点核的空间位置相关,初始点核在空间内分布集中,会导致后期点核相重合,降低了点核有效生长区域分布,从而导致生长迭代次数增加。

在周期性假设的前提下,基于文献[15]中 SEM 图像获得的材料细观结构尺寸参数,采用 MATLAB 编程语言和逆向工程 Geomagic Studio 软件建立了一种参数化的三维随机生长细观单胞模型的生成方法,可用于三维复杂孔洞交联结构单胞的建模。模型参数包括全局空间参数 k_n、初始生长点核分布概率数 C_d、目标体积分数 φ_m、方向随机概率 P 等,通过三维随机生长算法建立的单胞模型较真实地反应了材料的微观结构形貌。通过对控制生长过程随机参数的实例建模分析表明,这种建模方法可以很好地控制模型生成,满足各种复杂微观结构三维建模的需要。

8.3　复合材料电极的细观力学模拟

复合材料电极细观结构由纤维、基体、导电体三部分构成,其中纤维为增强相,树脂基体为基体相,有机锂盐导电体为功能相。基于三维随机生长单胞模型,通过施加周期性边界条件对宏观等效弹性模量进行预报。

由三维随机生长算法建立复合材料电极材料的单胞模型,以代替整个复合材料结构的研究。相关几何模型可参见图 8.13,单胞模型的几何参数见表 8.2。

表 8.2　模型几何参数

单胞模型尺寸/μm	纤维半径/μm	孔隙尺寸/μm	树脂基体/%
6	3.5	1～4	70

8.3.1　网格划分

为满足后续施加周期性边界条件对网格节点对应的需要,选取 1/8 模型作为初始网格划分对象,如图 8.17 所示,后续通过网格镜像得到整体单胞模型,实现相对面网格节点的一一对应。其中网格划分沿各相接触界面展开,优先选择复杂结构组分开始划分网格,保证复杂模型网格划分的质量,不要出现单元贯穿两相界面。为了保证计算准确,需保证各相接触面节点一一对应。同时,为了使分析结果更加准确,在纤维增强相组分及界面处要划分更加精细的网格。

通过将 1/8 模型网格三次对称得到各对称面节点完全对应的完整单胞模型,如图 8.18 所示。虽然整体有限元单胞模型是通过对称得到,但由于 1/8 模型满足随机特征,因此整体有限元模型仍可模拟材料的宏观性能。

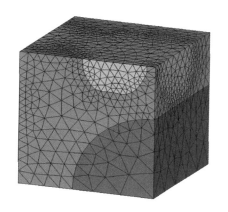
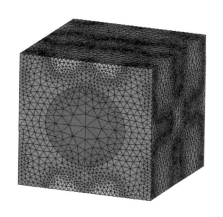

图 8.17　1/8 模型有限元网格划分　　　　　图 8.18　整体有限元单胞模型

8.3.2　周期性边界条件

采用几何对称的立方体单胞模型进行模拟,为简化计算,对立方体单胞施加等位移周期性边界条件,即有限元分析过程中在立方体单胞表面及与之平行的表面(对称面)节点之间施加多点约束方程来实现对称面上节点位移的耦合,使得等位移周期性边界条件强制满足。本例仅对三维随机生长算法生成的单胞模型进行等效弹性模量仿真,不涉及损伤分析、强度预报等研究内容。

单胞模型的等位移周期性边界条件均通过 Python 脚本程序将多点约束方程施加到对称面对应节点上,并在模型参考点上加载单轴复合材料宏观拉伸位移载荷进行等效弹性模量预报。

8.3.3　材料参数

选取树脂基体体积分数 $\varphi_m = 60\%$ (树脂基体占总基体百分数)三维随机生长方法建立

的单胞模型,计算复合材料的宏观等效拉伸模量,以验证本章建立的三维随机生长单胞模型的准确性和有效性。三维随机生长模型中共包含纤维、基体和导电体三部分,因导电体为凝胶态,在结构中只起导电功能作用,无力学承载能力,因此赋予极小值予以忽略。纤维、基体和导电体的材料属性见表 8.3。

表 8.3　各组分材料属性参数

组分	模量/GPa	泊松比
纤维	230	0.28
基体	2.67	0.4
导电体	2×10^{-6}	0.4

8.3.4　模型验证

选用树脂基体体积分数 $\varphi_m = 60\%$ 的整体三维随机生长单胞模型进行计算,单胞模型应力云图如图 8.19 所示,通过均匀化方法处理得到的等效材料属性参数见表 8.4。模型计算得到的复合材料沿纤维方向的等效拉伸模量为 65.289 GPa,而文献中材料拉伸实验测试模量为 75.29 GPa,等效拉伸模量预测偏差为 13.28%。所建模型纤维增强相体积分数为30%时,根据复合材料弹性模量估算经验公式计算的模量为 70.6 GPa,预报偏差为7.5%。计算得到的三维随机生长单胞模型模拟结果在可接受范围内,证明了本模型的准确性和有效性。

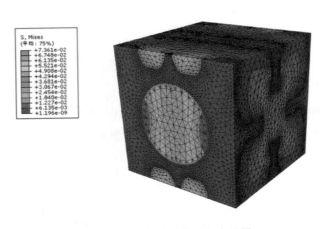

图 8.19　整体单胞模型应力云图

表 8.4　等效材料属性参数预测结果

弹性性能	E_1/GPa	E_2/GPa	E_3/GPa	G_{12}/GPa	G_{13}/GPa	G_{23}/GPa	ν_{12}	ν_{13}	ν_{23}
预报结果	65.289	1.723	2.208	0.560	0.643	0.536	0.220	0.184	0.298

8.4 影响参数分析

8.4.1 体积分数的影响

复合材料电极材料的影响参数包括：基体体积分数、纤维模量、基体模量、导电体模量等。通过参数影响分析，可指导电极材料的制备，按需求进行材料比例的协调，制备出满足性能要求的产品。

当纤维的弹性模量 $E_f = 230$ GPa，纤维泊松比 $\nu_f = 0.28$，基体弹性模量 $E_m = 2.67$ GPa，基体泊松比 $\nu_m = 0.4$ 时，改变模型基体体积分数，即取 $\varphi_{m1} = 50\%$、$\varphi_{m2} = 60\%$、$\varphi_{m3} = 70\%$ 时，材料的宏观等效弹性模量变化规律如图 8.20 所示。

由图 8.20 可知，基体体积分数提高至 60% 以上后，基体体积分数对材料等效弹性性能提升逐渐变小。随着模型基体体积分数的增大，材料等效弹性模量逐渐增长，等效模量的增长速率逐渐降低，与文献[15]中的测试结果相对应。原因在于，材料主要由纤维与基体承受力学载荷，纤维与基体之间接触界面直接影响材料内部应力传递，随着基体含量的增加，基体空间网络骨架结构更复杂，材料内部接触面积增大，会增强材料的力学性能；但三维孔洞交联结构可以近似看作基体中增加了大量非承载掺杂，非承载掺杂会导致力学性能的下降，因此三维孔洞结构的存在限制了材料宏观力学性能的提高。

8.4.2 纤维模量的影响

当基体弹性模量 $E_m = 2.67$ GPa，基体泊松比 $\nu_m = 0.4$，纤维泊松比 $\nu_f = 0.28$，模型基体体积分数分别为 50%、60%、70% 时，等效弹性模量随纤维材料弹性模量 E_f 的变化规律如图 8.21 所示。

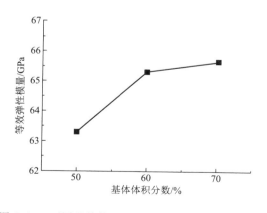

图 8.20 不同基体体积分数对等效弹性模量的影响

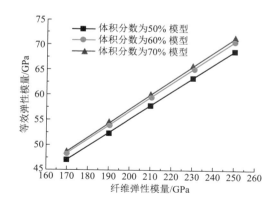

图 8.21 材料等效弹性模量随 E_f 的变化关系

由图 8.21 可知，当基体弹性模量 E_m 和体积分数 φ_m 确定时，随着纤维弹性模量 E_f 的增加，材料的整体等效弹性模量增加。对此组分及结构的复合材料而言，选用更高弹性模量的纤维或增加纤维体积含量,对复合材料力学性能有较大的提升效果。

8.4.3 基体模量的影响

当纤维弹性模量 $E_f = 230\,GPa$,纤维泊松比 $\nu_f = 0.28$,基体泊松比 $\nu_m = 0.4$,树脂相在基体中的体积分数分别为 50%、60%、70% 时,改变基体的弹性模量 E_m,等效弹性模量变化规律如图 8.22 所示。

由图 8.22 可知,当纤维弹性模量 E_f 和基体体积分数 φ_m 确定时,材料整体宏观等效弹性系数随着基体弹性模量 E_m 的增加而增大,呈线性增长。原因在于,基体相弹性模量的提高,降低了基体与纤维模量的差距,减小了基体与纤维之间的应力集中现象。与图 8.21 对比可知,在基体弹性模量与纤维弹性模量相差较大时,复合材料力学性能主要受弹性模量较高的纤维相性能的影响。通过选用高性能聚合物作为基体固相,可以提升此种组分结构复合材料的弹性性能。

8.4.4 导电体模量的影响

当纤维模量 $E_f = 230\,GPa$,纤维泊松比 $\nu_f = 0.28$,基体弹性模量 $E_m = 2.67\,GPa$,基体泊松比 $\nu_m = 0.4$,树脂相在基体中的体积分数分别为 50%、60%、70% 时,等效弹性模量随导电体的弹性模量 E_c 变化规律如图 8.23 所示。

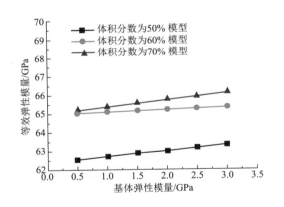

图 8.22 等效弹性模量随 E_m 的变化关系

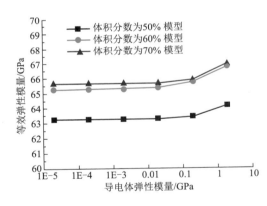

图 8.23 等效弹性模量随 E_c 的变化关系

由图 8.23 可知,当纤维弹性模量 E_f、基体弹性模量 E_m 和体积分数 φ_m 确定时,材料宏观等效弹性模量随着导电体弹性模量 E_c 的增加而增大。对比不同体积分数的基体模型,随着基体体积分数的增加、导电体体积分数的减少,导电体对材料宏观力学性能的影响逐渐减小。导电体在结构中作为功能相存在,为凝胶态,本身无承载能力,若提高导电体力学性能至基体同一数量级(如添加碳纳米管改性处理),对材料性能会有较大提升。但缩小导电体与纤维和基体的模量差距,导电体模量需以几何量级增加。因此小幅度改善导电体力学性能,对此组分结构的复合材料性能无明显增强效果。

8.5 复合材料储能结构设计

复合材料电极作电池的阴极,磷酸铁锂薄膜作电池的正极,两者通过树脂基复合材料封装可制备为结构电池。利用这种结构电池可对重量要求高、能耗需求大的结构进行设计,达到减重的效果。

8.5.1 结构减重评估

采用结构电池的装备,可按下式来评估系统的多功能性:

$$M = m_1 + (1 - \sigma_s)(m_2 / \sigma_e) \tag{8.1}$$

式中 M——系统总质量;

m_1——结构系统总质量;

σ_s——结构质量效率,即多功能材料与传统复合材料的结构性能比;

m_2——供电系统电池质量;

σ_e——能量质量效率,即多功能材料与电池材料能量密度之比。

如果结构电池能达到结构、能源的全部性能需要,则系统总质量可为 m_1(将电池的重量完全减去)。当然,这是最理想的情况。根据有关文献,结构电池如果配比合适,结构质量效率 σ_s 可达 0.9 以上,从而可以看出,只要能量质量效率 σ_e 在 0.1 以上,就能起到减重的作用。

结构电池目前还处在实验室研究阶段,没有形成产品。根据有关文献的实验记录,对于封装好的结构电池,能量质量密度按照 12 mW·h/g 来估算,σ_s 为 0.94,σ_e 为 0.15。对于一台总质量为 1 200 kg 的汽车,结构重量 800 kg,电池 400 kg,若采用结构电池可实现减重 240 kg。系统总重 960 kg 可提供能源 11.52 kW·h。

8.5.2 复合材料储能结构设计与分析

纯电动汽车是新能源汽车中的一种,是采用单一蓄电池作为储能动力源的汽车,它利用蓄电池作为储能动力源,通过电池向电动机提供电能,驱动电动机运转,从而推动汽车行驶。电动汽车上的部件也可以采用储能结构来制备,成为电池的一部分。

以汽车机盖为例,选用储能材料制备,采用有限元方法检验结构的抗凹陷能力。模型主体简化为壳结构表面与实体结构框架,如图 8.24 所示。

机盖壳体上下表面采用[0/90]铺层的玻璃纤维平纹复合材料(单层厚度 0.125 mm),既是对复合材料电池的封装,也是对结构的增强;中间层采用[0/90/±45/0/90/±45/0/90]s 铺层的碳纤维复合材料,即复合材料电极,单层厚度 0.125 mm。忽略其他材料的力学性能。机盖壳体按照方位定义纤维的 0°方向,上面部分以 X 方向为 0°方向,前面部分以 Z 方向为 0°方向,如图 8.25 所示。

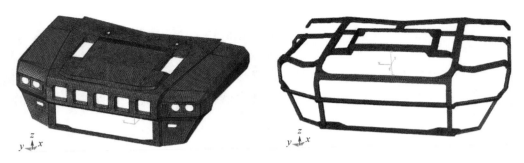

图 8.24 机盖壳体和梁框架的有限元模型

碳纤维复合材料性能参数采用 8.3.4 节中模拟的结果,见表 8.4。玻璃纤维平纹复合材料的性能参数见表 8.5。

表 8.5 玻璃纤维平纹复合材料性能参数

弹性性能	E_1/GPa	E_2/GPa	E_3/GPa	G_{12}/GPa	G_{13}/GPa	G_{23}/GPa	ν_{12}	ν_{13}	ν_{23}
数值	45	10	10	5	5	3.846 2	0.3	0.3	0.4

机盖抗凹性能一般以定载荷作用下产生的凹陷位移作为检验依据。机盖抗凹性能在发动机闭合状态下进行,约束条件如图 8.26 所示,缓冲块约束 z 向位移,铰链安装点固支。采用直径 25 mm 的刚性压头,在压头处施加与外板垂直、大小为 100 N 的载荷,产生的位移变形量目标值应不大于 3.5 mm。

将机盖壳体加载部分进行分区编号,以方便结果对比,如图 8.27 所示。

8.25 机盖壳体复合材料铺层设计示意图

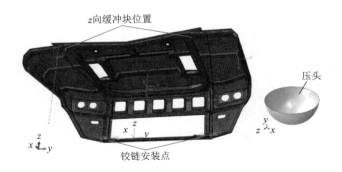

图 8.26 抗凹性分析边界条件及压头模型(直径 25 mm)

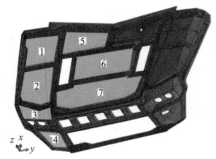

图 8.27 抗凹性分析加载区域编号

抗凹性分析结果列于表 8.6,各区域位移均在目标值内。

表 8.6　抗凹性分析位移结果

加载区域编号	加载位置示意图	位移值/mm	目标值/mm
1		1.662	
2		2.165	
3		1.219	
4		1.191	≤3.5
5		0.996	
6		1.378	
7		1.307	

复合材料储能结构在满足作为结构件功能的同时，又为系统提供了能源，是减重行之有效的方法。

8.5.3 复合材料储能结构工艺设计

复合材料储能结构为了增加电性能，在制备时需要预先在树脂中掺入电解质，因此工艺中也多了一项树脂与电解质混合的过程。选用 VARI 工艺制造碳纤维复合材料负极，然后加入正极材料进行封装，工艺流程如图 8.28 所示。

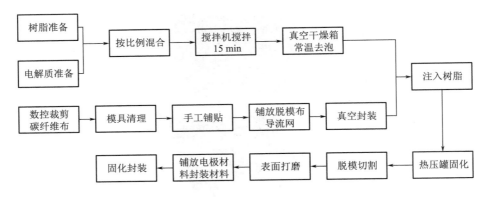

图 8.28　储能结构制造工艺流程

复合材料电池结构的封装如图 8.29 所示。

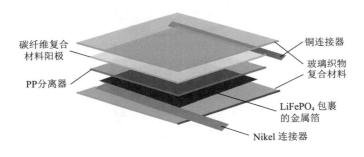

图 8.29　储能结构封装示意图

复合材料电极是一种多功能材料，随着对它进行深入的研究，必然会成为一种新产品代替现有的单一功能部件，它的应用必将带动工业上的另一次革命。

参考文献

[1]　ASPL. Multifunctional composite materials for energy storage in structural load paths[J]. Plastics Rubber & Composites,2013,42(4):144-149.

[2]　Grant F. Robust affordable next generation energy-storage(range)[EB/OL]. [2013-08-21]. http://www.federalgrants.com/Robust-Affordable-Next-Generation-Energy-Storage-Range-39723.html.

［3］　Qidwai M A,Thomas J P,Matic P. Structure-battery multifunctional composite design［C］//Smart Structures and Materials 2002：Industrlal and Commerclal Applications of Smart Structures Technol-ogies,2020,4698：180-191.

［4］　Thomas J P,Qidwai M A . The design and application of multifunctional structure-battery materials systems［J］. JOM,2005,57(3)：18-24.

［5］　MOYER K,MENG C,MARSHALL B,et al. Carbon fiber reinforced structural lithium-ion battery composite Multifunctional power integration for CubeSats［J］. Energy Storage Materials,2020,24：676-681.

［6］　薛军.瑞典研制具有高抗拉强度碳纤维锂电池材料［J］.电动自行车,2014,4(7)：46-48.

［7］　王素卿,张学军,田艳红,等.碳纤维制品结构分析及其用作锂离子电池负极材料性能研究［J］.高科技纤维与应用,2012,37(6)：25-29.

［8］　胡芸,谢凯,盘毅,等.结构电池的研究现状［J］.电源技术,2008,32(12)：889-891.

［9］　张晓虎,何满潮,刘得超,等.多孔介质微观结构的随机动力学构建方法［J］.辽宁工程技术大学学报,2014,33(9)：1240-1245.

［10］　汤忖江,尚成嘉,王学敏.多相材料的细观力学有限元模拟研究进展［J］.机械工程材料,2015,39(2)：1-7,102.

［11］　欧阳勇.复合材料参数化随机单胞模型及应用［D］.湘潭：湘潭大学,2012.

［12］　张博明,唐占文,赵琳.考虑单向复合材料复杂微观结构的细化单胞模型［J］.工程力学,2012,29(11)：46-52.

［13］　赵琳,张博明.基于单胞解析模型的单向复合材料强度预报方法［J］.复合材料学报,2010,27(5)：86-92.

［14］　贾学军.基于 ANSYS 的多孔材料微结构设计与分析［D］.大连：大连理工大学,2006.

［15］　于雅琳.碳纤维增强复合材料结构电池组分优化及其性能评价［D］.北京：北京航空航天大学,2017.

［16］　张泽天.复合材料电极细观建模与力电性能预报［D］.上海：上海交通大学,2018.

［17］　张泽天,赵海涛,陈吉安.碳纤维复合电极材料细观建模与拉伸模量预报［J］.计算机仿真,2019,36(2)：178-182,208.

［18］　GRZESIK B,LIAO G,VOGT D,et al. Integration of energy storage functionalities into fiber rein-forced spacecraft structures［J］. Acta Astronautica,2020,166：172-179.

［19］　ZHAO Y,ZHAO D,ZHANG T,et al. Preparation and multifunctional performance of carbon fiber-re-inforced plastic composites for laminated structural batteries［J］. Polymer Composites,2020,41(8)：3023-3033.

第9章 总结与展望

复合材料结构是以设计为主导,材料为基础,综合成型制造、工艺检测、结构分析、实验验证、探伤维护等众多学科的高科技产品,是未来航空航天、海洋工程、电力装备、基础建设等领域首选的结构形式。复合材料结构设计通过各方面的综合考虑、组合优化,将提高整体结构的效能和经济效益,而多因素、全面性的设计理念,必将促进未来复合材料结构设计的发展。

9.1 复合材料结构跨尺度设计

复合材料是由几种不同组分材料混合在一起制备而成的。比如树脂基复合材料,可以由碳纤维、玻璃纤维、碳纳米管、氧化铝颗粒、树脂基体等多种材料混杂构成。这些组分材料的尺寸可以从几十米到几纳米,复合到一起之后的材料既有宏观特性,也有界面、裂纹的微观特性。对复合材料结构进行跨尺度设计,是从宏观、微观角度对结构进行设计,不仅能满足性能要求,而且最大限度的发挥了复合材料结构的可设计性。复合材料跨尺度设计如图 9.1 所示。

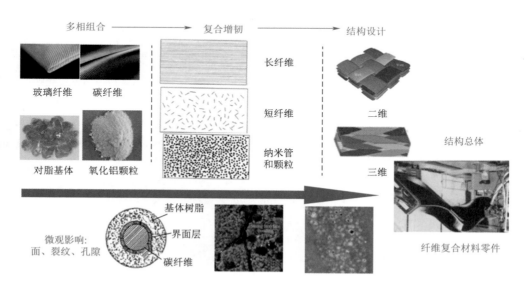

图 9.1 复合材料跨尺度设计

近年来,随着工业界对复合材料需求的增大,对其性能提出的要求也越来越高,在传统的复合材料中添加其他增强相已是复合材料结构设计领域的一个重要研究方向。比如在碳纤维增强树脂基复合材料中添加碳纳米管，可以极大地改善原复合材料的物理性能、力学性能和热学性能。对于多相复合材料，涉及的将是跨尺度设计，从宏观到微观，其设计过程也会更加复杂，需要透彻地理解微观尺度下材料、界面的相互作用，裂纹的演化传递机制，微观变化对宏观的影响等。基于跨尺度方法设计复合材料结构，可以更好地完成各种功能性要求，大幅提升复合材料结构的竞争力。

9.2　复合材料结构多学科优化设计

复合材料结构设计包含许多学科的知识，如材料学、力学、化学、物理学、热学、信息技术、制造工艺等。一个完整的复合材料结构在实际工程应用中需要经过一步一步的优化来提高结构的适应性。复合材料结构优化设计常包含结构构型总体优化、多组件结构系统优化、结构支撑连接优化、热与动力学性能优化、结构参数优化、结构布局优化、工艺方法优化等。从微观结构角度出发，优化包括组分材料的微观尺寸、体积分数占比以及排列方式等。每一个层级的优化设计都涉及不同学科的知识，综合运用各学科的知识服务于复合材料的结构优化设计，不仅是对工程人员综合能力的要求，也是设计最优结构的要求。复合材料结构多学科优化设计示意图如图9.2所示。

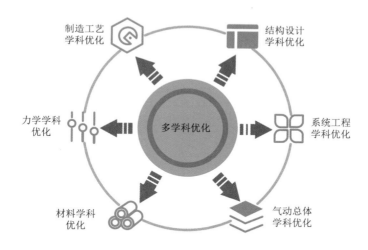

图 9.2　复合材料结构多学科优化设计

随着电子信息技术的蓬勃发展，5G技术、物联网技术的研发使用，对传统复合材料结构提出了更高的要求，越来越希望结构可以多功能化、智能化。比如自动变形翼、人机接口、软体人工组织等，可以承担信息接收、分析和转换的角色，这便需要在传统的复合材料结构基础上进行交叉学科的优化设计；在复合材料结构内部布设大大小小无数的电子元件，每一个电子元件都扮演了一定的角色，并相互配合，通过结构优化方法可以对电子信息领域进行更新优化，以寻求更低的污染，更大的附加产业价值以及更快的信息传递。通过这些多学科优化设计,可以提高结构的承载能力,降低结构重量,提高承载效率,实现多功能化,突破传统设计方法,开创新的技术。

9.3 复合材料结构多功能性设计

伴随着信息技术和生物技术的融合发展,世界正在被科技颠覆,许多难以想象的应用场景正在诞生。复合材料作为轻质高强材料的代表,其优异的可设计性在科技的进程中扮演着重要的角色,人类不满足于一种材料的单一功能,或者一种结构的单一功能,尝试着将不同的功能需求融合在一种材料结构中,这便是复合材料结构的多功能性。多功能结构是将几种不同的功能有机集成在一个结构之上,使之不仅具有结构的承载功能,同时还具有其他功能。为了实现多功能性,复合材料被设计成不同的结构形式,可以实现多功能化,如蜂窝夹芯结构、点阵夹芯结构、波纹夹芯结构、格栅结构等。轻质夹层多功能结构的作用一方面可以满足承载所要求的高比强度、比刚度,另一方面可以使结构具备散热、隔热、吸能、降噪等多功能性。目前常见的多功能结构有集被动/半被动/主动传热与承载于一体,集防热与承载于一体,集电子与承载于一体,集隐身与承载于一体,集吸能与承载于一体,集作动与承载于一体,集储能与承载于一体,集阻尼与承载于一体的多功能结构。复合材料结构多功能设计示意图如图 9.3 所示。

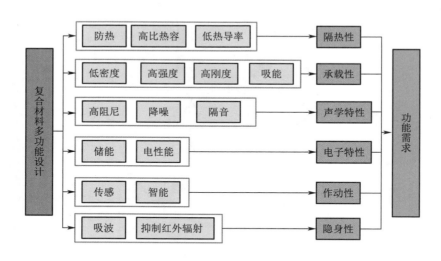

图 9.3 复合材料结构多功能设计示意图

复合材料的应用领域十分宽广,从国之重器航空母舰到日常生活用品都有其身影,各个领域对复合材料结构的多功能性都有其要求。比如新能源汽车,希望结构具备储能和承载功能;航天液体贮箱,希望结构具备隔热和承载功能。复合材料多功能设计,将不在把结构局限在承载上,还需要考虑不同的应用环境,使设计的结构能够发挥某些特定的性能,将复合材料的利用效益发挥到极致。

9.4 以机器学习为基础的复合材料结构设计

复合材料性能包括刚度、强度、韧性等十余项指标,其内在复杂联系是目前物理模型难以准确描述的。针对如此多的性能指标数据,通过机器学习方法能从中获取到一些相应信息,使这些性能之间产生关联,比如通过拉伸模量预测压缩模量,从而缩减实验量,缩短材料设计、结构设计的时间。采用机器学习方法来进行数据处理,通过建立模型从已有的数据库中获取更多的信息,利用已知材料有关的特性来预测一些未知的特性,通过减少试验来缩短研发时间,同时也降低了成本。将机器学习技术应用到材料科学和结构设计,是材料和结构信息学的一项新发展,可以提供更多的当前未知的材料及结构信息。复合材料性能机器学习方法流程如图 9.4 所示。

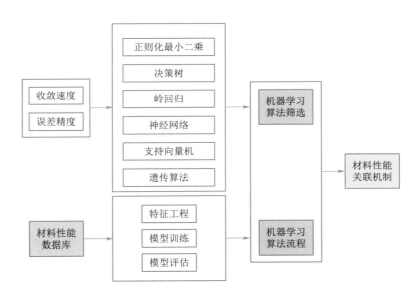

图 9.4 复合材料性能机器学习方法流程

机器学习分为监督学习和无监督学习,前者对数据有分类和标签,算法提前知道预测类型,现阶段大部分研究者的工作都集中在前者。机器学习中常用的算法有最小二乘法、决策树、支持向量机、岭回归、神经网络算法、最邻近结点算法、遗传算法、集成学习算法等。机器学习是基于数据的,大量有价值的参考数据作为算法的输入才能获得泛化能力好的预测模型,因此需建立复合材料结构设计的数据库,包括用于合成复合材料的组分材料参数、单层板的力学性能参数、层合板的铺层参数、不同结构形式设计参数、复合材料结构产品的性能指标等,以及复合材料结构的拉伸/压缩/剪切试验数据、强度试验参数、不同环境温度下的试验数据等。基于以上的数据,利用机器学习方式可以高效地进行复合材料结构设计工作,不仅可以将人类从繁冗的重复性工作中解放出来,同时还可以缩短复合材料结构设计周期,降低试验成本。比如飞机复合材料结构设计中,许用值是重要的输入参数,如果采用机器学习方法对复合材料许用值各项性能进行快速预测,由部分数据预测全部材料许用值,确定许用值之间的关联性,将减少测试周期和费用,加快研制进度,提升产品的竞争能力。

9.5 复合材料结构环保设计

绿色、环保和可持续发展一直是国家战略的发展方向,因此复合材料行业也应尽最大可能在结构设计阶段考虑绿色环保理念,从传统制造业源头出发解决潜在的污染危害。复合材料结构的可回收、可重复利用、可降解是非常值得被研究的方向,提高同一件复合材料结构的使用次数和频率是设计人员需要关注的问题。从复合材料层面,选择天然植物纤维和生物降解树脂是复合材料结构对环境有益的体现;从复合材料结构角度,轻量化设计可以降低系统重量,减少附加的消耗,也是一种绿色环保设计。复合材料结构绿色设计示意图如图 9.5 所示。

图 9.5 复合材料结构绿色设计

热塑性复合材料是一种便于回收利用的绿色材料,热塑性树脂在高温下易于实现从固态到液态的转化,采用重熔的方法即可对纤维和树脂进行分离回收,采用重塑的方法即可对材料重新利用。热塑性复合材料在航空航天、汽车等领域已有所应用,随着先进设计技术、高性能纤维的发展、热塑性复合材料制备技术的进步,该材料的用途也将越来越广泛。

复合材料轻量化是结构设计人员终极追求的目标,在满足总体性能的需求下,轻量化使总的原材料消耗最少,在制备和服役中减少了其他能源的损耗。轻量化是提升产品竞争力的关键技术,可综合考虑材料选取、先进制造、优化设计等方面,在降低结构重量的同时,满足绿色环保的要求,顺应时代的发展。

参考文献

［1］ 杜善义.先进复合材料与航空航天[J].复合材料学报,2007,24(1):1-12.

［2］ 彭庆宇.复合材料增强体的跨尺度设计及其界面增强机制研究[D].哈尔滨:哈尔滨工业大学,2014.

［3］ 郭中泽,张卫红,陈裕泽.结构拓扑优化设计综述[J].机械设计,2007,24(8):1-6.

［4］ 吴林志,熊健,马力,等.轻质夹层多功能结构一体化设计[J].力学与实践,2012,34(4):8-18.

［5］ 施汇斌,李想,柳占立.基于机器学习和有限元预测复合材料模量[C]//北京力学会第26届学术年会论文集,2020.

［6］ 杨莹.热塑性复合材料:可循环利用和快速加工[J].玻璃钢,2012(2):39-45.